煤炭高等教育“十四五”规划教材

传热学实验原理与实验指导

主 编 耿 凡 刘 方 何光艳
齐 聪 杜雪平 宋正昶

中国矿业大学出版社
· 徐州 ·

内 容 提 要

传热学实验原理与实验指导包括与传热相关的理论基础和实验两部分内容，可帮助学生提前预习实验、了解实验仪器与实验原理，明确实验目的，使学生的实验效率得到提高，初步掌握热量传递的基本规律，培养学生运用所学的理论知识解决实际问题的能力。

本书可作为高等学校能源与动力工程、储能科学与工程等专业本科生、研究生的教材或辅助教材，也可供相关工程技术人员参考。

图书在版编目(CIP)数据

传热学实验原理与实验指导 / 耿凡等主编. — 徐州 ：
中国矿业大学出版社，2025. 2. — ISBN 978 - 7 - 5646
- 6627 - 9

Ⅰ. TK124-33

中国国家版本馆 CIP 数据核字第 2025MT6750 号

书　　名　传热学实验原理与实验指导
主　　编　耿　凡　刘　方　何光艳　齐　聪　杜雪平　宋正昶
责任编辑　赵朋举　张　岩
出版发行　中国矿业大学出版社有限责任公司
　　　　　　（江苏省徐州市解放南路　邮编 221008）
营销热线　（0516）83885370　83884103
出版服务　（0516）83995789　83884920
网　　址　http://www.cumtp.com　**E-mail**:cumtpvip@cumtp.com
印　　刷　江苏淮阴新华印务有限公司
开　　本　787 mm×1092 mm　1/16　**印张** 10.25　**字数** 262 千字
版次印次　2025 年 2 月第 1 版　2025 年 2 月第 1 次印刷
定　　价　45.00 元

前　言

在能源动力、安全工程、矿业工程等领域，特别是在煤炭行业中，存在大量的热量传递。例如，煤炭生产过程中的井口保温、设备供暖、矿井降温等，煤炭利用过程中的煤炭热解与焦化、燃煤发电。传热学在新能源与储能科学的发展中起着至关重要的作用。例如，太阳平板的集热、储能材料的强化传热、相变微胶囊储能过程中的传热等都是典型的传热学问题。

本教材是传热学实验课程的配套教材。传热学实验课程是能源与动力工程专业大类基础必修课程传热学的配套课程，也是储能科学与工程、能源与动力工程专业重要的基础课程。该课程围绕导热、对流和辐射展开，主要包含平板导热系数测定、导热数值模拟仿真、管外强制对流换热系数测定、冷凝传热实验、换热器性能实验等一系列实验，可使学生深化理论知识学习，初步掌握和运用实验研究方法，对典型传热问题进行实验研究与分析，增强对热传导、对流传热、辐射传热和换热器性能等传热学知识的理解。

本教材首先对热工测量技术的基本原理、基本知识，各种热工参数的测量方法、测量误差分析，实验数据处理，常用仪表的作用原理、结构、使用方法和特性以及热工测量系统的方法进行了系统介绍，既保留了传统的热工测量技术内容，又力求反映国内外测量技术的最新研究成果和发展趋势。其次，重点介绍了传热学的实验原理和实验。其中，传热学实验分为实体实验和虚拟数值实验。实体实验部分包括平板导热系数测定实验、管外对流换热系数测定实验、蒸汽凝结换热系数测定实验、中温辐射物体的黑度测定实验和换热器性能实验等；虚拟数值实验部分包括多层平板导热的数值实验、非稳态钢球冷却的数值实验和相变传热问题（沸腾）的数值实验等。最后，对5个传热学基础实验的模拟步骤作了详细介绍。

本书由中国矿业大学耿凡、刘方、何光艳、齐聪、杜雪平、宋正昶任共同编写，内容共分5章，具体编写分工如下：第1章由耿凡编写；第2、3章由刘方、何光艳、宋正昶编写；第4章由齐聪、何光艳编写；第5章由杜雪平、耿凡编写。全书由耿凡统稿、定稿。

本书配有相关课件和教学资料，如有需要请与本书责任编辑（邮箱：694133539@qq.com）联系。

由于编者水平所限，加之时间紧迫，不妥之处在所难免，敬请读者批评指正。

编　者

2024年10月

目　　录

1　测量的基本知识

1.1　测量的基本概念

测量是人类对自然界中的客观事物通过数量描述而达到掌握其本质和揭示自然界规律的一种手段。在科学实验和生产过程中，每一个被测参数值都是通过人类使用一定的测量仪表，在一定的条件下，根据一定的理论，应用某种测量方法和程序测量取得的。测量是人类认识和改造客观世界的一种必不可少的手段。无论是在科学实验中，还是在生产过程中，相关工作一旦离开了测量，就必然出现盲目性。只有通过可靠准确的测量，正确地判断测量结果的意义，才能判断科学实验和生产过程的正确性，才有可能进一步解决自然科学和工程技术中遇到的问题。

为了使新能源、储能等热工过程安全经济地运行，必须对表征热工过程状况的各种参数进行连续的检测和显示，随时向运行人员提供主辅设备及热力系统的运行情况，以便监视生产，并将测量结果作为对生产过程控制和调节的依据。因此，热工测量是热工过程自动化的重要环节，而测量仪表常被比喻为运行人员的“耳目”。另外，热工测量还可为企业经济核算提供准确的数据。在发生事故时，异常参数的显示和记录是事故分析的依据，据此可提出改进和防范措施。热工测量技术是在热工基础理论的指导下，涉及多种知识领域的一门特殊学科。不论是自然界还是各种工程技术领域，都涉及与热和能相关的许多参数，如力、温度、流量、热焓、液位等。要了解并利用和控制这些参数，离不开对它们的测量，而用来测量热工参数的仪表就称为热工测量仪表。

1.1.1　测量的定义

测量是以确定被测对象量值为目的的操作，是对客观事物取得数量概念的一种认识过程。人们借助专门的工具，通过实验的方法和对实验数据的分析计算获得被测量。被测量可以用下式表示：

$$X_0 = \mu U \tag{1-1}$$

式中，X_0 为被测量；U 为测量单位；μ 为被测量的真实数值，简称真值。

式(1-1)称为测量的基本方程式。然而，实际测量中可能存在测量方法与测量工具不够完善，受观测者的主观性、周围环境的影响，以及所取数值位数有限等因素，这些因素会引起测量误差，因此，测量值 x 只能近似等于被测量的真值 μ，则式(1-1)变为：

$$X_0 \approx xU \tag{1-2}$$

误差总是存在于测量之中，测量的任务之一就是要尽量减小被测量的误差，并用国家法定或国际公认的单位将其表示。因此，测量就是为取得未知参数值而做的全部工作，包括测量的误差分析和数据处理等。

一个完整的测量包括六要素：测量对象与被测量，测量环境，测量方法，测量单位，测量资源（如测量仪器与辅助设施、测量人员等），以及数据处理和测量结果。由于测量误差会不可避免地出现，所以在测量时应尽量使测量值接近于真实值。为了最大限度地减小误差，应当选择合适的测量方法，采用国家或国际公认的测量单位，使用足够精确的测量仪器；同时还应减少不必要的主观影响和环境影响带来的误差。

1.1.2 测量方法分类

测量方法就是实现被测量与标准量比较的方法，具体指通过实验手段，将被测量的物理量与选取单位的同类量进行比较，从而确定被测参数的过程。有意义的测量结果必须满足以下条件：用来进行比较的标准量应该是国际或国家所公认的，且性能稳定；进行比较所用的方法和仪器必须经过验证。一个物理量的测量，可以通过不同的方法实现，但必须根据测量的要求及测量条件选择合理的方法。如果选择的测量方法不正确，即使仪器的精密度很高，也不能获得准确的结果。

在测量活动中，为满足对被测对象的不同测量要求，依据不同的测量条件，可以从不同角度对测量进行分类。

1.1.2.1 按照获取测量结果的方式分类

按照获取测量结果的方式不同，测量方法可分为直接测量法、间接测量法和组合测量法。

(1) 直接测量法：将被测量与计量器具进行比较，直接从计量器具获得被测量的量值的测量方法。该方法能直接得到测量结果，具有简单、迅速的优点，是应用最广泛的测量方法。例如，采用天平直接测量质量，采用玻璃温度计直接测量介质温度，采用游标卡尺和千分尺等工具直接测量物体的长度等。

(2) 间接测量法：通过测量间接量得到被测量数值的方法。对于不能直接得到被测量的测量过程，首先通过测量其他间接相关量值，然后利用被测量与这些间接量之间具有的确定函数关系，推算出被测量的值。例如，直接测量灯泡两端的电压和电流，通过计算得到电灯泡的功率。在测量风道中空气流量 q_v 时，若测量出风道中的空气流速 v 和风道的横截面积 A，空气流量则可由下式得出：

$$q_v = vA \tag{1-3}$$

在式(1-2)中，空气流速 v 和风道的横截面积可采用直接测量的手段获得，而空气流量 q_v 的获得属于间接测量。

(3) 组合测量法：当被测量需用多个未知参数表示时，通过改变测量条件进行多次测量，求解方程组来获得测量结果的测量方法。例如，测量某电阻的温度系数时，其电阻值与温度的关系式为：$R_t = R_0(1 + at + b2t^2)$，其中 R_0、R_t 分别是温度为 0 ℃和 t ℃时电阻的数值，可以直接测得；温度系数 a 和 b 可以通过在不同温度 t_1、t_2 条件下直接测量相应的电阻值 R_1、R_2，然后分别代入该关系式，联立求解该二元一次方程组得到。

$$\begin{cases} R_1 = R_0(1 + at_1 + bt_1^2) \\ R_2 = R_0(1 + at_2 + bt_2^2) \end{cases} \tag{1-4}$$

1.1.2.2 按测量工具方式分类

按测量工具方式分类，测量方法可以分为偏差测量法、零位测量法和微差测量法。

(1) 偏差测量法：通过仪表指针的位移决定被测量量值的方法。测量中，通过观察所用仪表指针的位移，根据位移大小表示被测量的大小。其特点是简单、迅速，但精度不高，多用于工程测量。

(2) 零位测量法：通过零仪表的零位指示检测测量系统平衡状态的方法。测量中先用准确已知的标准量具与被测量进行比较，然后调整量具使它随时等于被测量，最后读出量具的量值。其特点是比较费时，操作烦琐，反应比较慢。

(3) 微差测量法：结合偏差测量法和零位测量法的优点，通过比较被测量与标准量的差值来得出结果的方法。测量中先用零位测量法将标准量与被测量进行比较，得到量值，再用偏差测量法测出余下的偏差值，被测量即量值与偏差值的代数和。微差测量法结合了偏差测量法和零位测量法的优点，其操作简单，精度比较高，在实际工程中得到了广泛的应用。

1.1.2.3 按被测量与测量探头是否接触分类

按被测量与测量探头是否接触，测量可分为接触测量法和非接触测量法。

(1) 接触测量法指计量器具的测头与被测表面直接接触的测量方法，如使用卡尺、千分尺等。

(2) 非接触测量法则是测头与被测表面不接触的测量方法，如使用气动量仪、显微镜等。

1.1.2.4 按被测量在测量过程中的状态分类

按被测量在测量过程中的状态，测量可分为动态测量和静态测量。

(1) 静态测量是被测量的值在测量过程中固定不变的测量。

(2) 动态测量是被测量的值在测量过程中随时间不断变化的测量。

1.1.2.5 按测量仪器是否直接表示被测量的大小分类

按测量仪器是否直接表示被测量的大小，测量分为绝对测量和相对测量。

(1) 绝对测量指计量器具显示或指示的示值即被测几何量的量值的测量方法，如使用测长仪直接读出尺寸等。

(2) 相对测量是通过比较被测几何量与已知标准量的偏差来得出结果的测量方法。

1.1.2.6 按各个参数的测量是否同步进行分类

按各个参数的测量是否同步，测量可分为单项测量与综合测量。

(1) 单项测量是分别测量工件各个参数的测量方法。

(2) 综合测量是同时测量工件上某些相关的几何量，以判断综合结果是否合格的测量方法。

1.1.2.7 按测量是否使用不同精度的仪表或在不同环境条件下进行分类

按测量是否使用不同精度的仪表或在不同环境条件下进行，测量可分为等精度测量和非等精度测量。

(1) 等精度测量是在相同的环境条件下对同一被测量进行多次重复测量的测量方法。

(2) 非等精度测量是使用不同精度的仪表或在不同环境条件下进行多次测量的测量方法。

1.1.3 测量值和真值

测量的目的是测出被测量的大小。但是由于测量仪表、测量方法与测量环境、人的观察能力以及测量程序等存在差异,测量结果也存在差异。

任何一个被测量在任一时刻它都具有一个客观存在的量值,这一量值称为真值,用 x_0 表示。通过测量仪表测量得到的结果称为测量值,用 x 表示。

真值指在一定的时间及空间(位置或状态)条件下,被测量所体现的真实数值。真值是一个变量本身所具有的真实值,它是一个理想的概念,一般是无法得到的。在测量科学中,对真值的定义是:对被测量进行 N 次等准确度测量,当测量次数 N 趋于无限大时,在无系统误差存在情况下的各次测量值的算术平均值。在实际测量中不可能实现无限多次的测量,所以实际上真值是无法通过测量得到的。随着科技的发展,人们在实践中不断改进测量仪表、测量方法以及数据处理方法,测量值 x。可以无限地逐渐逼近真值 x_0,然而却不能等于真值 x_0,因此,测量的目的就在于采取各种手段来获得尽可能接近真值 x_0 的测量值 x 两者之间的差异程度表征测量误差大小,所以,将误差定义为被测参数的测量值 x 与其真值 x_0 之差。

正由于被测参数的真值是不可知的,所以在计算中通常都是用标准物质(标准器)所提供的标准值或用高级的标准仪表测量得到的值来近似作为真值,一般用约定真值或相对真值来代替真值。通常所说的真值可以分为“理论真值”和“约定真值”以及“相对真值”。

(1) 理论真值也称绝对真值,如三角形内角和 180°。

(2) 约定真值也称规定真值,是一个接近真值的值,它与真值之差可忽略不计。实际测量中以在没有系统误差的情况下,足够多次的测量值之平均值作为约定真值。

(3) 相对真值指将测量仪表按精度不同分为若干等级时高等级测量仪表的测量值,也称为实际值。

在计算机数值表示中,用正负号加绝对值表示数据的形式被称为“真值”。

1.1.4 误差与准确度

在测量过程中,由于受到测量原理的局限和简化、测量装置的限制、环境条件的变化、测量方法不完善和测量人员心理、生理的波动等因素的影响,不可避免地造成测量结果与被测真值之间的差异,称之为测量误差。测量误差使测量结果不能准确地反映被测量的真值。

误差是测量测得的量值减去参考量值。测得的量值简称测得值,代表测量结果的量值。所谓参考量值,一般由量的真值或约定量值来表示。对于测量而言,人们往往把一个量在被观测时,其本身所具有的真实大小认为是被测量的真值。实际上,它是一个理想的概念。因为只有当某量被完全确定并能排除所有测量上的缺陷时,通过测量所得到的量值才是量的真值。从测量的角度来说,难以做到这一点。因此,一般来说,真值不可能确切获知。

准确度指在一定实验条件下多次测定的平均值与真值相符合的程度,用来表示误差的大小。测量值与真实值之差叫误差,准确度的高低常用误差表示。误差越小,分析结果的准确度越高。准确度决定于系统误差和偶然误差,表示测量结果的正确性。

误差分为偶然误差和系统误差,其中偶然误差的大小可用精密度来表示,系统误差的大小可用正确度来表示。准确度是精密度和正确度的综合,即准确度表示受偶然误差和系统误差的综合影响。

在实际工作中,通常用标准物质或标准方法进行对照试验,在无标准物质或标准方法时,常用加入被测定组分的纯物质进行回收试验来估计和确定准确度。

在误差较小时,也可将多次平行测定的平均值 μ 作为真值 x_0 的估计值。测定精密度好,是保证获得良好准确度的先决条件。一般来说,测定精密度不好,就不可能有良好的准确度。一种理想的分析方法与分析结果既要求有好的精密度,又要求有好的正确度。

测量准确度指测量结果与被测量真值之间一致的程度;测量仪器的准确度指测量仪器在规定条件下给出的示值接近于真值的能力。准确度只是一个定性概念而不是定量表达。测量误差的绝对值越大,其准确度越低。但准确度不等于误差,准确度只有诸如高、低,大、小,合格、不合格等类的表述。对于测量仪器的准确度,还有级别或等别的表述。用量值给出准确度是错误的,例如:准确度为 0.5 mg,这里 0.5 mg 的指代是不明确的。

1.2 测量误差

测量误差反映了测量质量的好坏,其值越小,说明测量值越接近于真值。根据测量误差的规律性,找出消除或减小误差的方法,科学地表达测量结果,合理地设计测量系统,这就是测量误差分析的目的。

对某一物理量,不论是静态参数还是动态参数的测量,通过仪器所得到的测量结果相对于其客观存在来说,都是一种近似。假设实际客观存在的物理量为真值,但是真值很难测到,因为不论测量系统的精度有多高,总是存在一定的误差。因此,只有在得到测量结果的同时,指出测量误差的范围,所得的测量结果才是有意义的。

1.2.1 测量误差的表示方法

测量误差一般可用绝对误差和相对误差表示。

1.2.1.1 绝对误差

绝对误差指仪表的测量值与被测量的真实值之间的差值,即

$$\Delta x = x - M \tag{1-5}$$

式中,Δx 为绝对误差,其值可正可负;x 为测量值;M 为被测量的真实值。

在测量过程中,测量误差的存在不可避免,任何测量值都只能近似反映被测量的真实值。在实际的测量中,绝对准确的真实值是得不到的。测量过程中无数随机因素的影响使得即使在同一条件下对同一对象进行重复测量也不会得到完全相同的测量值。被测量总是要对传感器施加能量才能使测量系统给出测定值,这就意味着任何测定值都只能近似地反映被测量的真值。由于真值一般无法得到,在常规的测量过程中,一般将相对高一级的仪器

测量值近似作为被测量的真实值。除此之外，还可以用一个与真值最接近的最佳值，即测量次数无限大时等精度测量条件下的算术平均值作为被测量的真实值，其定义式为：

$$\overline{X} = \frac{1}{n}\sum_{i=1}^{n} X_i \tag{1-6}$$

式中，$\overline{X}$ 为等精度测量的算术平均值；X_i 为各测量值，$i=1,2,3,\cdots,n$。

绝对误差有如下特点：绝对误差是有单位的量，其单位与测量值和实际值相同；绝对误差是有符号的量，其符号表示测量值与实际值的大小，即若测量值较实际值大，则绝对误差为正值，反之为负值。

例如，由某电流表测得的电流示值为 0.83 mA，查该电流表检定证书，得知该电流表在 0.8 mA 及其附近的修正值为 −0.02 mA，那么被测电流的实际值为 0.83 mA+(−0.02 mA)=0.81 mA。智能仪器的优点之一就是可利用内部的微处理器存储和处理修正值，直接给出经过修正的实际值。

1.2.1.2　相对误差

对于相同的被测量，用绝对误差可以评定其测量精度的高低，但对于不同的被测量则应采用相对误差来评定。相对误差 δ 指仪表的绝对误差与被测量的真实值之比，用来说明测量精度的高低，其数学表达式为：

$$\delta = \frac{\Delta x}{M} \times 100\% \tag{1-7}$$

根据 M 取值的不同，δ 代表不同形式的相对误差，具体情况如下：

(1) 当 M 取被测量的真实值时，δ 为实际相对误差。

(2) 当 M 取测量仪表的示值时，δ 为示值相对误差，也叫标称相对误差。如果测量误差不大，可用示值相对误差代替实际相对误差，但若示值相对误差与实际相对误差相差较大，两者应加以区别。

(3) 当 M 取测量仪表的满量程值(量程上限值)时，δ 为引用相对误差，当 Δx 取最大绝对误差 Δx_{max} 时，δ 为最大引用相对误差 δ_{max}，即满度相对误差。δ_{max} 是测量系统的主要质量指标，它表征测量系统的测量准确度，其值越大，表示测量系统的准确度越低；其值越小，表示测量系统的准确度越高。

对于大小不同的测量值，相对误差比绝对误差更能反映测量值的准确程度，相对误差越小，测量的准确度越高。

例 1　某电压表的示值为 1.5 V，试计算它在 0～100 V 量程内的最大绝对误差 Δx_{max}。

解：在 0～100 V 量程内，量程上限值 $M_{max}=100$ V，由式(1-6)可得：

$$\Delta x_{max} = \delta_{max} M_{max} = \pm \frac{1.5}{100} \times 100 = \pm 1.5 \text{ (V)}$$

一般来说，测量仪器在同一量程不同示值处的绝对误差未必处处相等，但对于使用者来讲，在没有修正值资料可利用的情况下，只能按最坏情况处理，即认为仪器在同一量程各处的绝对误差是个常数 Δx_m，人们把这种处理叫作误差的整量化。为减小测量中的示值误差，在进行量程选择时应尽可能使示值接近满度值，一般以示值不小于满度值的

2/3 为宜。

例 2 某 1.0 级电流表，满度值 $M_{max}=100\ \mu A$，求测量值分别为 $x_1=100\ \mu A$，$x_2=80\ \mu A$，$x_3=20\ \mu A$ 时的绝对误差和示值相对误差。

解：由式(1-6)可求得最大绝对误差，即

$$\Delta x_{max}=\delta_{max}M_{max}=\pm\frac{1}{100}\times 100=\pm 1\ (\mu A)$$

前已叙述，绝对误差是不随测量值改变的。故测量值分别为 100 μA、80 μA、20 μA 时的示值相对误差 δ_1、δ_2、δ_3 各不相同，即

$$\delta_1=\frac{\Delta x}{x_1}\times 100\%=\frac{\Delta x_{max}}{x_1}\times 100\%=\frac{\pm 1}{100}\times 100\%=\pm 1\%$$

$$\delta_2=\frac{\Delta x}{x_2}\times 100\%=\frac{\Delta x_{max}}{x_2}\times 100\%=\frac{\pm 1}{80}\times 100\%=\pm 1.25\%$$

$$\delta_3=\frac{\Delta x}{x_3}\times 100\%=\frac{\Delta x_{max}}{x_3}\times 100\%=\frac{\pm 1}{20}\times 100\%=\pm 5\%$$

由此可见，在同一量程内，测量值越小，示值相对误差越大。因此，测量中所用仪表的准确度并不是测量结果的准确度，只有在示值与满度值相等时，二者才相等(不考虑其他因素造成的误差，仅考虑仪器误差)，否则测量值的准确度就小于仪表的准确度。

1.2.2 误差分类

在等精度测量过程中，根据误差的来源和性质不同，测量误差主要分为 3 大类：系统误差、随机误差和粗大误差。

1.2.2.1 系统误差

系统误差也称为工具误差或者方法误差，是由测量系统不完善或工作原理不完善所引起的。特点是当对同一被测量进行多次测量时，误差的大小和符号或者保持恒定，或者按一定的规律变化。前者称为恒值系统误差，后者称为变值系统误差。其中，变值系统误差可以分为累进系统误差、周期性系统误差和复杂规律变化的系统误差。例如，电子电位差计滑线电阻的磨损会引起累进系统误差，被电磁场干扰的测量现场通常会引起周期性系统误差。

引起系统误差的因素主要有 4 个方面：

(1) 测量仪器。测量仪器结构设计原理的缺陷、仪器零件制造偏差或安装不正确、电子元器件性能不稳定等均会引起系统误差。例如，把运算放大器作为理想运放时忽略输入阻抗、输出阻抗等会引起误差。

(2) 环境。测量时实际环境条件相对于标准环境条件的偏差，以及状态参数按一定规律变化均会引起误差。

(3) 测量方法。测量方法不当或错误会引起误差。

(4) 测量人员。测量时由于人员估读方式，以及动态测量时记录信号存在滞后会引起误差。

1.2.2.2 随机误差

随机误差指在等精度测量条件下，因大量的偶然因素(如气温和电源电压的微小波动、

气流的微小改变等）导致的多次测量同一物理量时产生的测量误差。其结果或大或小，且符号不固定，具有随机变量的特征。但对于一系列重复测量值来说，误差的分布服从统计规律，可以通过数理统计的方法处理。因此，随机误差只有在不改变测量条件的情况下对同一被测量进行多次测量才能计算出来。随机误差越大，测量精度越差。随机误差和系统误差两者之间并无绝对的界限，在一定条件下可以相互转化。某一具体误差在某一条件下为系统误差，而在另一条件下可转为随机误差。随着对误差的深入研究，部分曾归为随机误差的现象有可能作为系统误差被分离出来。注意，有一些变化规律复杂、难以消除或没有必要花费大代价消除的系统误差，常作为随机误差处理。

随机误差指在相同条件下，对同一被测量进行多次测量，测量结果有一定分散性的测量误差。随机误差体现了多次测量的精密度，随机误差小，则精密度高。一般随机误差不能通过修正或采取某种技术措施消除。从单个随机误差来看，其出现的符号和大小没有任何规律性，但是随着测量次数的增加，大量随机误差就表现出一定的分布规律，如正态分布规律等，因此只有在测量条件不变的情况下，对测量数据进行统计处理，才能计算随机误差。

随机误差主要来自电磁场的微变、零件的摩擦、热起伏、空气扰动、气压及湿度的变化，以及测量人员感觉器官的无规则变化而造成的读数不稳定等。

1.2.2.3 粗大误差

粗大误差指测量结果显然与事实不符的误差，也称过失误差。测量结果与被测量值的真实值差别比较大，使该次测量失效。含有粗大误差的测量值称为坏值，其原因是多方面的，主要为测量者的过失、测量方法不当或错误，测量操作疏忽和失误，以及测量系统突发故障、测量条件的突然变化造成测量仪器示值的剧烈变化等。在测量中当出现坏值时，应重新测量，不可轻易剔除。当误差性质未知时，应按照以下方法处理：① 计算除可疑值外其余测量值的算术平均值和平均绝对误差；② 计算该可疑值与算术平均值的差值，如果其大于平均绝对误差的 4 倍，则可认定该可疑值为坏值，应将其剔除。

粗大误差只能在一定程度上减小，不能完全消除。需要注意的是，除粗大误差较易判断和处理外，在大多数情况下，一次测量中系统误差和随机误差会同时存在，需根据其对测量结果的影响程度进行具体处理。

（1）系统误差与随机误差相差很大时，基本上可按纯粹的系统误差来处理，也就是忽略随机误差。

（2）系统误差与随机误差相当或相差很小且两者均不能忽略时，应按不同的方法分别来处理，然后再估计其最终的综合影响。

（3）系统误差很小或已修正时，基本上可按纯粹的随机误差来处理。

1.2.3 误差分析

以上几类误差都会使测量结果偏离真值，影响测量结果，通常采用准确度、正确度和精密度来衡量测量结果与真值的接近程度，如图 1-1 所示。

1.2.3.1 准确度

准确度指仪器显示值与被测量物理量真值的偏离程度，它反映了测量装置的系统误差

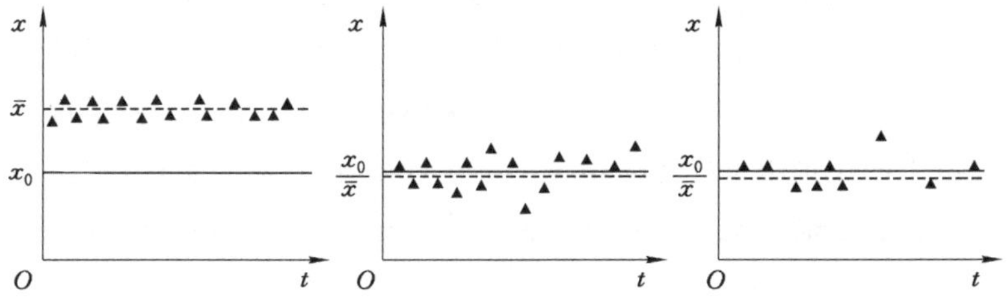

(a) 精密度高　　(b) 正确度高　　(c) 准确度高

图 1-1　精密度、正确度和准确度

大小,可以通过比较多次测量的平均值与真实值的一致程度来判断。它建立在精密度和正确度的基础上,表示测量结果中系统误差和随机误差大小的程度。准确度是衡量测量质量好坏的重要标志之一,通常用相对误差来表示。若相对误差小,则准确度高;若相对误差大,则准确度低。

1.2.3.2　精密度

精密度指仪器测量结果的分散程度,即在相同条件下,多次测量值之间的重复程度。精密度的高低反映了测定过程中随机误差的大小。随机误差越大,测量值越分散,精密度越低;随机误差越小,测量值越密集,精密度越高。精密度通常以算术平均差、标准差和方差来量度。注意:一个测量系统准确度高,未必精密度就高。真正能反映仪器综合性能的指标是正确度。

精密度与准确度是两个不同的概念,但又有一定程度的联系。仪器的精密度好,其准确度不一定高。如果要提高准确度,就一定要求仪器的精密度好,因为系统误差并不影响仪器的精密度,但它会影响测量结果的准确度。

1.2.3.3　正确度

正确度也称精确度,即精度。它是衡量准确度和精密度的综合指标,表示测量结果与被测量真值之间的一致程度。正确度表征测量过程中系统误差的大小。系统误差越小,正确度越高。

将测量过程中计算得到的最大引用误差 δ 去掉"%"后,所得值即仪表的精确度等级。一般的仪器设备都要标出它的精确度等级,普通热工仪表将精确度分为 0.1、0.2、0.5、1.0、1.5、2.5 和 5.0 七个等级。例如,精确度等级为 1.0 的仪表,表示该仪器的允许误差值不超过满量程的±1%。在精确度相同的条件下,选择仪器的量程不宜过大,因为量程越大,绝对误差越大。因此,在选用仪表时,不应单纯追求精确度等级越高越好,而应根据被测量的大小,兼顾仪表的级别和测量上限合理地选择仪表,估计最大测量值在满量程的三分之二左右较为合适。例如,某待测的电压为 100 V,现有 0.5 级 0～300 V 和 1.0 级 0～120 V 两个电压表,通过式(1-6)计算可得到 0.5 级电压表的测量最大绝对误差是 1.5 V,而 1.0 级电压表的测量最大绝对误差是 1.2 V,所以选精度较低的 1.0 级反而更合适。

1.2.4　随机误差分析

在测量某个零件的长度时,由于种种偶然因素的影响,存在随机误差,零件长度的测量值是一个随机变量。一般人们只关心这个零件的平均长度及其测量结果的精密度，即平均值与离散度。例如，对一个射击手射击技术的评定，除了根据其多次射击的平均命中环数评定之外，还要看其每次射击命中的环数与平均命中环数相差大不大。相差越大，表明射击命中点越分散，射击手的技术越不稳定。由这些例子可以看出，需要引进一些用来表示平均值和衡量离散程度的量，以描绘随机变量的主要性质。这些量反映随机变量的数字特征，其中最主要的是数学期望和方差。

1.2.4.1 测量值的数学期望和标准差

（1）数学期望

假设对被测量进行 n 次等精度测量，得到 n 个测得值：$x_1, x_2, x_3, x_4, \cdots, x_n$。定义这 n 个测得值（随机变量）的算术平均值 $\bar{x}$ 为：

$$\bar{x} = \frac{1}{n}\sum_{i=1}^{n} x_i \tag{1-8}$$

各次测得值与算术平均值之差定义为剩余误差或残差，即

$$v_i = x_i - \bar{x} \tag{1-9}$$

当 n 足够大时，残差的代数和等于 0，这一性质可用来检验计算的算术平均值是否正确。

当测量次数 n 趋近于无穷时，样本平均值的极限定义为测得值的数学期望 E_x，即

$$E_x = \lim_{n\to\infty}\frac{1}{n}\sum_{i=1}^{n} x_i{}^{n} \tag{1-10}$$

假设测得值不含系统误差和粗大误差，则第 i 次测量得到的测得值 x_i 与真值 A 之间的绝对误差就等于随机误差，即

$$\Delta x_i = \delta_i = x_i - A \tag{1-11}$$

式中，Δx_i、δ_i 分别表示第 i 次测量的绝对误差和随机误差。

随机误差的算术平均值为：

$$\bar{\delta} = \frac{1}{n}\sum_{i=1}^{n}\delta_i = \frac{1}{n}\sum_{i=1}^{n}(x_i - A) = \frac{1}{n}\sum_{i=1}^{n}x_i - \frac{1}{n}\sum_{i=1}^{n}A = \frac{1}{n}\sum_{i=1}^{n}x_i - A \tag{1-12}$$

当 $n\to\infty$ 时，上式中第一项即测得值的数学期望 E_x，所以

$$\bar{\delta} = E_x - A \tag{1-13}$$

由于随机误差具有抵偿性，当测量次数 n 趋于无限大时，$\bar{\delta}$ 趋于 0，即

$$\lim_{n\to\infty}\bar{\delta} = \lim_{n\to\infty}\left(\frac{1}{n}\sum_{i=1}^{n}\delta_i\right) = 0 \tag{1-14}$$

由式(1-12) 和式(1-13) 得：

$$E_x = A \tag{1-15}$$

这说明测得值的数学期望等于被测量真值 A。

在实际测量中，当测量次数足够多时可近似认为：

$$\bar{\delta} = \frac{1}{n}\sum_{i=1}^{n}\delta_i \approx 0 \tag{1-16}$$

$$\bar{x} \approx E_x = A \tag{1-17}$$

由上述分析可知，在实际测量工作中，当基本消除系统误差和剔除粗大误差后，虽然仍有随机误差存在，但多次测得值的算术平均值非常接近被测量的真值，因此可将它作为最后测量结果，并称之为被测量的最佳估值或最可信赖值。

(2) 方差与标准差

随机误差反映了实际测量的精密度，精密度即测量值的分散程度。由于随机误差具有抵偿性，因此不能用它的算术平均值来估算测量的精密度，不过可使用方差来估算。方差的定义为：当 $n \to \infty$ 时，测量值与期望值之差的平方的统计平均值，即

$$\sigma^2 = \lim_{n\to\infty}\frac{1}{n}\sum_{i=1}^{n}(x_i - E_x)^2 \tag{1-18}$$

因随机误差 $\delta_i = x_i - E_x$，故有：

$$\sigma^2 = \lim_{n\to\infty}\frac{1}{n}\sum_{i=1}^{n}\delta_i^2 \tag{1-19}$$

式(1-18)中的 δ^2 称为测量值的样本方差，简称方差。式中 δ_i 取平方的目的是：无论 δ_i 是正是负，其平方总是正的，相加的和不会等于 0，从而可以描述随机误差的分散程度。求和再平均后，就可使个别较大的误差在式(1-18)中所占的比例较大，从而使得方差对较大随机误差的反应较灵敏。

由于实际测量中 δ_i 都带有单位，因此 σ^2 的单位是相应单位的平方，使用不甚方便。为了与随机误差 δ_i 单位一致，将式(1-18) 两边开方，取正方根，得：

$$\sigma = \sqrt{\lim_{n\to\infty}\frac{1}{n}\sum_{i=1}^{n}\delta_i^2} \tag{1-20}$$

式中 σ 定义为测量值的均方根误差，也称标准误差，简称标准差，反映了测量的精密度。σ 值越小表示精密度越高，测得值越集中；σ 值越大表示精密度越低，测得值越分散。

1.2.4.2 随机误差的正态分析

(1) 正态分布

前文提到，随机误差的大小、符号虽然显得杂乱无章，事先无法确定，但当进行大量等精度测量时，随机误差的分布服从统计规律。理论和测量实践都证明，测得值与随机误差期望值相差越大，误差出现的概率越小。

测得值和随机误差的这种统计分布规律，称为正态分布，如图 1-2 和图 1-3 所示。

设测得值 x_i 在 x 到 $x + \mathrm{d}x$ 范围内出现随机误差的概率为 p，它正比于 $\mathrm{d}x$，并与 x 值有关，即

$$p\{x < x_i < x + \mathrm{d}x\} = \varphi(x)\mathrm{d}x \tag{1-21}$$

式中，$p(x)$定义为测量值 x 的分布密度函数或概率分布函数，显然有：

$$p\{-\infty < x_i < \infty\} = \int_{-\infty}^{0}\varphi(x)\mathrm{d}x = 1 \tag{1-22}$$

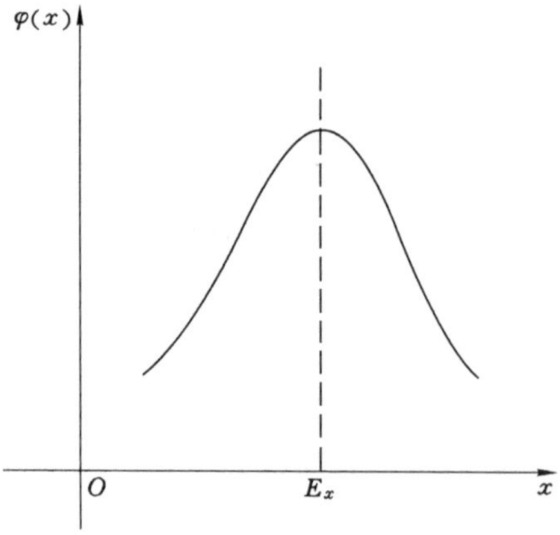

图 1-2　x_i 的正态分布曲线随机误差

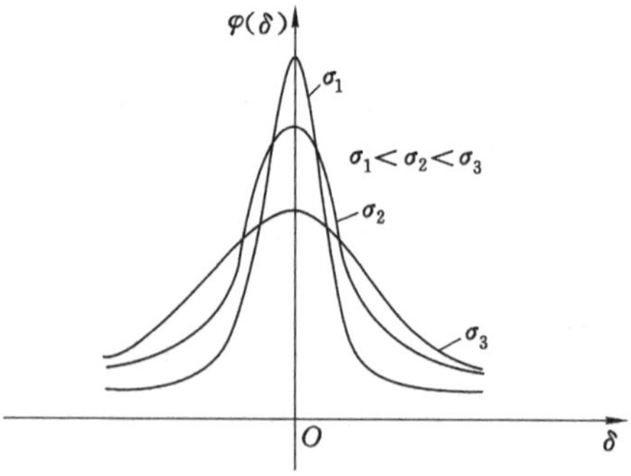

图 1-3　δ_i 的正态分布曲线

对于服从正态分布的测量值，有：

$$\varphi(x)=\frac{1}{\sigma\sqrt{2\pi}}e^{-\frac{(x-E_x)^2}{2\sigma^2}} \tag{1-23}$$

同样，对于正态分布的随机误差 δ，有：

$$\varphi(\delta)=\frac{1}{\delta\sqrt{2\pi}}e^{-\frac{\delta^2}{2\sigma^2}} \tag{1-24}$$

由图 1-3 可知：① σ 越小，$\varphi(\delta)$越大，说明绝对值较小的随机误差出现的概率较大；相反，绝对值较大的随机误差出现的概率较小，随着 δ 的增大，$\varphi(\delta)$很快趋于 0，即超过一定界限的随机误差实际上几乎不会出现(随机误差的有界性)。② 大小相等、符号相反的随机误差出现的概率相等(随机误差的对称性和抵偿性)。③ σ 越小，正态分布曲线越尖锐，表明测得值越集中，精密度越高；反之 σ 越大，曲线越平坦，表明测得值越分散，精密度越低。

正态分布又称高斯分布，在误差理论中占有重要地位。由众多相互独立因素的随机微小变化所造成的随机误差，大多遵从正态分布，因此本书仅讨论正态分布情况。

(2) 极限误差

对于正态分布的随机误差，根据式(1-21)可以算出随机误差落在$[-\sigma,\sigma]$的概率为：

$$p\{|\delta_i|\leqslant\sigma\}=\int_{-\sigma}^{\sigma}\frac{1}{\sigma\sqrt{2\pi}}e^{-\frac{\delta^2}{2\sigma^2}}d\sigma=0.683$$

该结果的含义可理解为：在进行大量等精度测量时，随机误差 δ_i 落在$[-\sigma,\sigma]$的测得值的数目占测量总数目的 68.3%，或者说，测得值落在$[E_x-\sigma,E_x+\sigma]$(该区间在概率论中称为置信区间)的概率(该概率在概率论中称为置信概率)为 0.683。

同样，可以分别求得随机误差落在$[-2\sigma,2\sigma]$和$[-3\sigma,3\sigma]$的概率，即

$$p\{|\delta_i|\leqslant 2\sigma\}=\int_{-2\sigma}^{2\sigma}\frac{1}{\sigma\sqrt{2\pi}}e^{-\frac{\delta^2}{2\sigma^2}}d\sigma=0.954$$

$$p\{|\delta_i|\leqslant 3\sigma\}=\int_{-3\sigma}^{3\sigma}\frac{1}{\sigma\sqrt{2\pi}}e^{-\frac{\delta^2}{2\sigma^2}}d\sigma=0.997$$

也就是说,随机误差绝对值大于 3σ 的概率(可能性)仅为 0.003 或 0.3%,即其实际上出现的可能性极小,因此定义 $\Delta=3\sigma$ 为极限误差或最大误差,也称作随机不确定度。如果在测量次数较多的等精度测量中,出现了 $|\delta_i|>\Delta$ 的情况,则必须予以仔细考虑。通常将 $|\delta_i|\geqslant 3\sigma$ 的测得值判为坏值,应予以删除。另外,按照 $|\delta_i|\geqslant 3\sigma$ 来判断坏值是在进行大量等精度测量及测量数据属于正态分布的前提下得出的。通常将这个原则称为莱特准则。

(3) 贝塞尔公式

贝塞尔公式是一种用于计算样本标准偏差的数学公式。其基本形式为:

$$S=\sqrt{\frac{1}{n-1}\sum_{i=1}^{n}(x_i-\bar{x})^2} \tag{1-25}$$

式中,S 为标准偏差;x_i 为第 i 次测得值;$\bar{x}$ 是测量值的算术平均值;n 是测量次数。

贝塞尔公式的核心在于通过一系列测量值的方差来计算标准偏差,从而评估测量的随机误差。标准偏差是衡量数据离散程度的一个统计量,它反映了测量值相对于平均值的波动程度。标准偏差越小,表示测量值越集中;反之,标准偏差越大,表示测量值越分散。贝塞尔公式的应用非常广泛,特别是在科学研究和工程领域中,它可用于分析实验数据的可靠性和精度。例如,在物理实验中,通过多次测量同一物理量,利用贝塞尔公式计算标准偏差,可以评估实验的重复性和可靠性。此外,在质量控制和生产过程中,标准偏差也被用来监测产品的变异性和稳定性。

(4) 算术平均值的标准差

如果在相同条件下将被测量分成 m 组,每组重复测量 n 次,则每组测得值都有一个平均值。由于随机误差的存在,这些算术平均值也不相同,而是围绕真值有一定的分散性,即算术平均值与真值间也存在随机误差。用 σ 来表示算术平均值的标准差,由方差运算法可以求出 σ 的值,即

$$\sigma=\sqrt{\frac{1}{n}\sum_{i=1}^{n}(x_i-\bar{x})^2} \tag{1-26}$$

1.2.4.3 有限次测量下测量结果的表达

由于实际上只可能做到有限次等精度测量,因此分别用式(1-25)和式(1-26)来计算测得值的标准差和算术平均值的标准差,实际上二者是两种标准值的最佳估计值。由式(1-24)可知,算术平均值的标准差随测量次数的增大而减小,但其减小速度要比 n 的增加速度慢得多,即仅靠单纯增加测量次数来减小标准差不可行。在实际测量中,n 的取值并不是很大,一般为 10～20。

对于精密测量,常需要进行多次等精度测量。在基本排除系统误差并从测量结果中排除坏值后,测量结果的处理可按下述步骤进行:

(1) 把测量数据按测量的先后次序列表;

(2) 计算算术平均值;

(3) 计算每次测量的绝对误差;

(4) 计算均方根误差;

(5) 剔除粗大误差，并多次重复以上步骤，反复剔除；

(6) 写出测量结果和测量误差。

1.2.5 系统误差分析

系统误差的主要特点是只要在测量条件保持不变的情况下，它就是一个确定的数值，采用一般的方法并不能消除系统误差。本节重点介绍系统误差的特征，判断系统误差的方法以及消除或减小系统误差的一些测量方法。

1.2.5.1 系统误差的特征

排除了粗大误差后，测量误差就等于系统误差 δ_i 与随机误差 ε_i 的代数和，即

$$\Delta x_i = \varepsilon_i + \delta_i = x_i - A \tag{1-27}$$

假设进行 n 次等精度测量，且系统误差为一固定值，即 $\varepsilon_i = \varepsilon_c$，则 n 次测量误差的算术平均值为：

$$\frac{1}{n}\sum_{i=1}^{n}\Delta x_i = \bar{x} - A = \varepsilon_c + \frac{1}{n}\sum_{i=1}^{n}\delta_i \tag{1-28}$$

当 n 足够大时，由于随机误差的抵偿性，δ_i 的算术平均值趋于 0，于是由式(1-28)可得：

$$\varepsilon_c = \bar{x} - A = \frac{1}{n}\sum_{i=1}^{n}\delta_i \tag{1-29}$$

由此可见，当测量次数足够多时，系统误差的大小等于测量误差的算术平均值。系统误差的这一特征决定了其很难消除，因此，发现系统误差并减小其对测量结果的影响是十分必要的。

1.2.5.2 系统误差的判断

在测量过程中，形成系统误差的原因是非常复杂的，通常人们难于查明所有的系统误差，即使对系统误差进行了修正，也不可能全部消除系统误差的影响。但是，人们在实际的测量过程中，经过不断探索与总结，发现了一些消除或减小系统误差行之有效的方法。

(1) 实验对比法

实验对比法是通过改变产生系统误差的条件，然后进行其他条件下的测量，以发现系统误差的方法。这种方法适于发现定值系统误差。

当缺少标准器具的检定手段时，可以考虑选择在几个不同的实验室进行比对测试，在严格执行比对测试规范的基础上，对测试数据进行汇总和统计分析，得出一些说明实验室之间测试结果是否有显著差异的结论。

在计量工作中，常用标准器具或标准物质作为检定工具，来检定某测量器具的标准值或测量值中是否含有显著的系统误差。标准器具所提供的标准量值的准确度应该比被检定测量器具的标称值高出 1～2 个等级或至少高几倍以上。

(2) 残差观察法

残差观察法是根据测量列表各个残差大小和符号的变化规律，直接由误差数据列表或误差曲线图形(图 1-4)来判断有无系统误差。这种方法主要用于发现有规律变化的系统误差。

图 1-4(a)所示的各残差大体正负相间，无显著变化规律，故认为不存在系统误差。

图 1-4(b)所示的残差数值有规律地递增,且在测量开始与结束时残差符号相反,这说明存在线性递增的系统误差。图 1-4(c)所示的残差符号由正变负,再由负变正,循环交替地变化,这说明存在周期性系统误差。图 1-4(d)所示的残差值既有线性递增变化又有周期性变化,这说明存在复杂规律的系统误差,

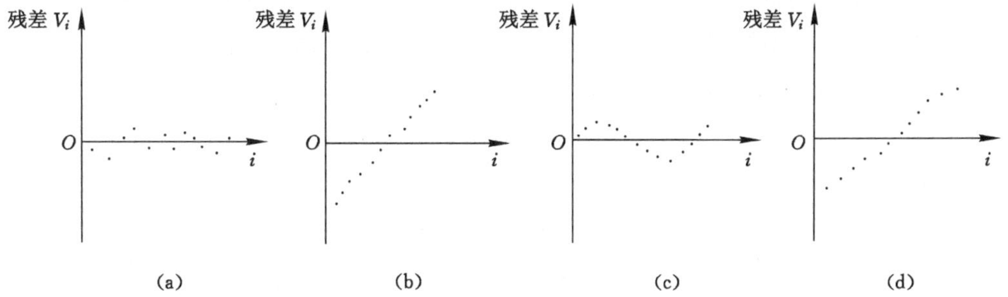

图 1-4　系统误差的判断

1.2.5.3　消除系统误差产生的根源

产生系统误差的原因有很多,如果能找出其产生的根源且可尽量消除的话将会对测量结果产生很大的影响。消除系统误差产生的根源需要注意以下几点:

(1) 选择正确的测量仪表类型,避免由于仪器本身缺陷或没有按规定条件使用仪器而造成的系统误整,同时,要避免声、光、电环境对测量产生影响。

(2) 由于测量所依据的理论公式本身的近似性,故实验条件不能完全达到理论公式所规定的要求,或者实验方法不完善,这无疑将带来误差,需要选用正确的理论公式及测量方法。

(3) 针对因观测者个人感官和运动器官的反应不同而产生的误差,需要提高测量者的测量技术和知识水平,且避免测量过程中的一些不良习惯。

(4) 在数据处理过程中,有一些近似处理的情况,需要根据实际情况选择近似方法,测量仪表也需要进行定期校核、校准,并且使用时需要严格进行调零,尽量使用数字显示类的仪表代替指针式的仪表。

1.2.5.4　消除或减小系统误差的方法

(1) 采用加修正值方法

消除定值系统误差,一般采用加修正值的方法。测量仪器检定书中的校正曲线、校正数据或者校正公式可用于减小系统误差。

(2) 消除产生根源

用排除误差源的办法来消除系统误差是比较好的办法。这就要求测量者对所用测量装置、测量环境条件、测量方法等进行仔细分析、研究,尽可能找出产生系统误差的根源,进而采取措施。

(3) 交换法

在测量中将某些条件,如被测物的位置相互交换,使产生系统误差的原因对测量结果起

相反作用，从而减小系统误差的方法称为交换法。

(4) 替代法

替代法要求进行两次测量，即第一次对被测量进行测量，达到平衡后，在不改变测量条件的情况下，立即用一个已知标准值替代被测量。如果测量装置能达到平衡，则被测量就等于已知标准值；如果测量装置不能达到平衡，则需要调整测量装置使之平衡，这时可得到被测量与标准值的差值，即被测量等于标准值差值。采用替代法测量电路如图 1-5 所示。

首先调节电桥使之平衡，此时有：

$$R_x = \frac{R_1 R_3}{R_2} \tag{1-30}$$

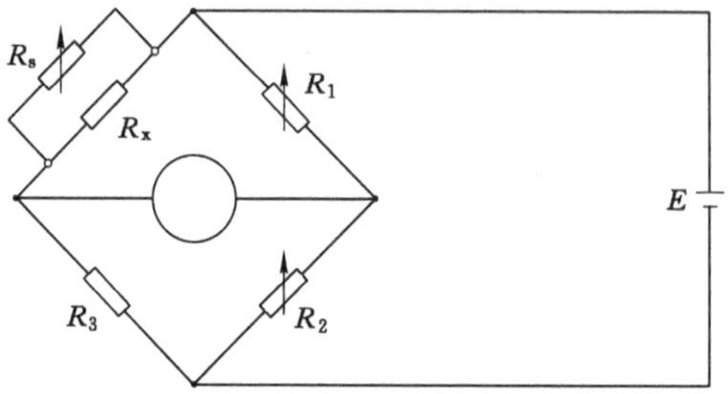

图 1-5 采用替代法测量电路

由于 R_1、R_2、R_3 都有误差，所以利用它们的标称值来计算 R 也会产生误差，即

$$R_x + \Delta R = \frac{(R_{1x} + \Delta R_{1x})(R_{3x} + \Delta R_{3x})}{(R_{2x} + \Delta R_{2x})} \tag{1-31}$$

联立式(1-29)、式(1-30)可得到 R 的相对误差，即

$$\frac{\Delta R_x}{R_x} \approx \frac{\Delta R_1}{R_1} + \frac{\Delta R_3}{R_3} - \frac{\Delta R_2}{R_2} \tag{1-32}$$

为了消除上述误差，使用可变电 R_s 代替 R_x 并保持 R_1、R_2、R_3 都不发生变化，然后通过调节 R_s 使电桥重新达到平衡，因而得到：

$$R_s + \Delta R_s = \frac{(R_1 + \Delta R_1)(R_3 + \Delta R_3)}{(R_2 + \Delta R_2)} \tag{1-33}$$

对比式(1-31) 和式(1-33)可得：

$$R_x + \Delta R_x = R_s + \Delta R_s \tag{1-34}$$

由此可得，测量误差 ΔR_x 只取决于标准电阻的误差 ΔR_s，而与 R_1、R_2、R_3 的误差无关。

(5) 补偿法

补偿法即进行两次测量，改变测量中某些条件，使两次测量结果的误差数值大小相等、符号相反，取这两次测量的算术平均值作为测量结果，从而抵消系统误差的测量方法。

(6) 对称测量法

对称测量法即在对被测量进行测量的前后，分别对称地对同一已知量进行测量，将对已知量两次测得的平均值与被测量的测得值进行比较，从而消除线性系统误差的测量方法。

(7) 半周期偶数测量法

对于周期性的系统误差，可以采用半周期偶数测量法消除。半周期偶数测量法即每经过半个周期进行偶数次测量来消除系统误差的方法。

1.2.6　误差的合成、间接测量的误差传递与分配

在实际测量中，误差的来源是多方面的，可能同时存在系统误差、随机误差和粗大误差。当粗大误差消除后，影响测量准确度的是系统误差和随机误差。测量的准确度是用由多个不同类型的单项误差合成的总误差来度量的。

在间接测量时，直接测量值的误差会通过函数关系传递到间接测量值。以电桥法测电阻为例，若要测量电阻 R_x，由式(1-30)可知，R_x 的误差与 R_1、R_2、R_3 的误差都有关。这样就产生了两个问题：一是如果 R_1、R_2、R_3 的误差已知，应如何计算 R 的误差？二是如果要使 R_x 的测量误差满足使用要求，应如何决定 R_1、R_2、R_3 的误差上限？前者称为间接测量的误差传递问题，后者称为间接测量的误差分配问题。

1.3　测量系统及其组成

1.3.1　测量系统

测量系统是对被测量进行定量测量或定性评价的仪器或量具、标准、操作、方法、夹具、软件、人员、环境等进行组合的系统。它是工程技术、科学研究和质量管理等领域中不可缺少的一部分，通过实验、观察和其他方法获取有关物理量的信息。

为了测得某一被测物理量的值，必然要使用若干测量设备(如测量仪表、测量装置、测量元件及辅助设备等)，并把它们按一定的方式组合起来。例如，为了测量物质流量 q，常用标准孔板获得与流量有关的差压信号 Δp，然后将差压信号输入差压计或差压流量变送器，经过转换、运算变成电信号，用连接导线将电信号传送到显示仪表，则显示出的流量值 q_2 就近似等于被测物质流量值 q，如图 1-6 所示。

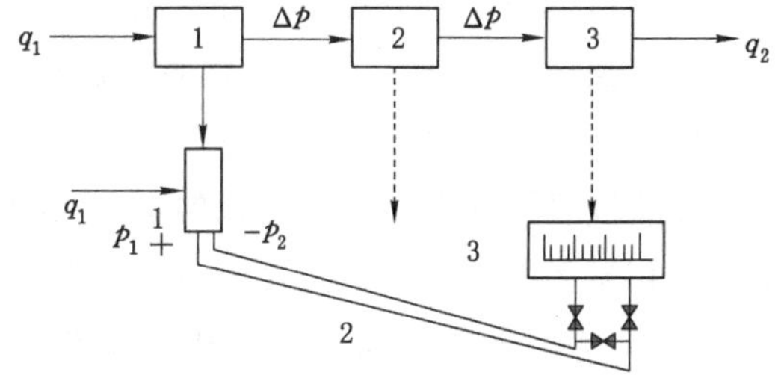

1—节流装置；2—传压管路，3—差压计或差压流量变送器；

q_1—被测流量；Δp—差压信号；q_2—流量显示值。

图 1-6　流量测量系统示意图

由于测量原理和对测量准确度的要求不同，测量系统的构成会有很大的差别。它可能是仅有一个测量仪表的简单测量系统，如水银温度计等；也可能是一套价格昂贵、高度自动

化的复杂测量系统，如用计算机进行数据采集和数据处理的自动测量系统等。

热工测量系统是对热工过程中的热工参数进行测量的系统，其中用来测量热工参数的仪表叫热工仪表。

1.3.2 测量系统的组成

测量系统的组成与生产过程、科学研究的自动化水平密切相关。现代化的测量系统除了包括测量设备和被测对象之外，还应该包括控制系统，如图 1-7 所示。

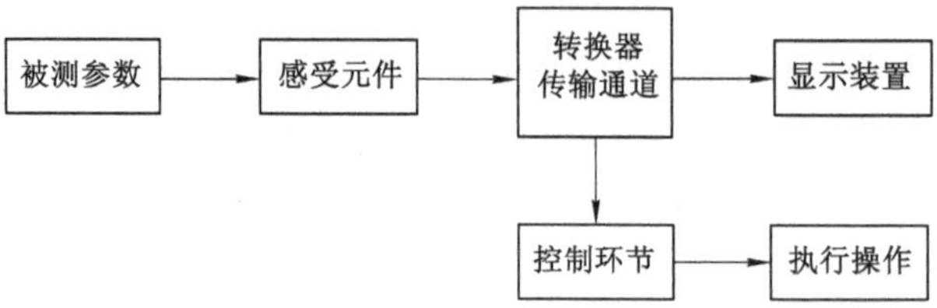

图 1-7 测量系统的组成

测量系统主要由以下几个部分组成：

(1) 测量对象或测试样品。这是被测量的实体或对象，是开展科学研究、生产等工作的研究主体。

(2) 感受元件。感受元件也称为传感器，与被测对象直接产生联系。它将被测量按一定规律转换成便于处理和传输的信号。一个理想的传感器应满足 3 个方面的要求：① 传感器输入值与输出值之间应该有稳定的单值函数关系；② 传感器应该只对被测量的变化敏感，而对其他一切可能的输入信号(包括噪声信号)不敏感；③ 在测量过程中，传感器应该不干扰或尽量少干扰被测介质的状态。

(3) 转换器。转换器将传感器输出的信号转换成显示装置易于接收的信号，这种信号变换可能是物理性质的变换，也可能是将同性质的物理量加以放大。通常传感器输出的信号一般是某种物理变量，如位移、压差、电阻、电压等。在大多数情况下，它们的性质、大小总是与显示元件所能接收的信号有所差异。为了实现测量系统某种预定的功能，必须通过转换器对传感器输出的信号进行变换，这些变换包括物理性质和数值的变换。对于传感器，不仅要求它的性能稳定、精确度高，而且应使信息损失最小。

(4) 显示装置。显示装置是与观测者直接产生联系的部分，又称为二次仪表。它将被测量信号转变成能为人们感官识别的形式。显示装置可以对被测量进行指示、记录，有时还带有调节功能，以控制输出过程。显示装置主要有 3 种基本形式：① 模拟式显示装置。其以指示器与标尺的相对位置来连续指示被测参数的值，结构简单、价格低廉，但容易产生视差。记录时以曲线形式给出数据。② 数字式显示装置。其直接以数字形式给出被测量的值，不会产生视差，但直观性差，且有量化误差。记录时可以打印输出数据。③ 屏幕显示装置。其既可按模拟方式给出指示器与标尺的相对位置及参数的变化曲线，又可直接以数字形式给出被测量的值，或者两者同时显示。屏幕显示是目前最为先进的显示方式，具有直观、形象并能够显示大量数据的优点。

(5) 传输通道。如果测量系统的各个环节是分离的，那么就需要把信号从一个环节输送到另一个环节。实现这种功能的元件称为传输通道，其作用是建立各测量环节输入、输出信号之间的联系。传输通道一般比较简单，但有时可能相当复杂。导线、导管、光导纤维、无线电通信都可以作为传输通道的一种形式。正因为传输通道一般较为简单，所以容易被忽视。实际上，传输通道选择不当或安排不周，往往会造成信息能量损失、信号波形失真、引入干扰等问题，致使测量精度下降。例如，导压管过细过长容易使信号传递受阻，产生延迟，从而影响动态压力的测量精度

测量系统的总性能由系统的静态特性与动态特性综合决定。

1.3.3　测量系统分类

测量系统可以根据不同的标准进行分类，不同的分类具有不同的特点和应用，具体如下所述。

(1) 计数型测量系统：用于计数，常用于质量控制和过程控制，适用于需要频繁计数的场合。

(2) 计量型测量系统：用于测量具体的数值，常用于需要精确测量的场合，如实验室测试和精密制造等。

(3) 破坏型测量系统：用于测量过程中会损坏被测对象的测量系统，常用于材料科学研究和地质勘探场合，虽然精度高但会损坏被测对象。

(4) 手动测量系统：全部或大部分操作由人工完成，适用于操作简单、精度要求不高的场合，如内燃机测试等。

(5) 半自动测量系统：部分操作自动化，但数据处理仍需人工参与，适用于需要部分自动化但数据处理复杂的场合，如生产线检测等。

(6) 全自动测量系统：所有操作和数据处理均由计算机控制，适用于高精度、高效率的场合，如自动化生产线等。

(7) 3D 测量系统：用于三维空间的测量，常用于汽车制造和航空航天领域，适用于需要高精度三维测量的场合，如汽车零部件检测等。

(8) 2D 测量系统：主要用于平面尺寸的测量，适用于电子制造和印刷行业，如电路板检测和印刷品质量控制等。

(9) 机械式标尺系统：包括精密丝杠加微分鼓轮式、精密齿条及齿轮、滚动直尺等，适用于需要高精度但环境要求不高的测量场合，如机床检测等。

(10) 光学式标尺系统：包括光学读数刻线尺、光学编码器、光栅、激光干涉仪等，适用于高精度测量场合，如光学和精密仪器制造等。

(11) 电气式标尺系统：包括感应同步器、磁栅测量系统等，适用于对环境要求不高但需要高精度的测量场合，如三坐标测量机等。

1.4　仪表或测量系统的静态性能指标

描述仪表或测量系统在静态测量条件下测量品质的静态性能指标是多方面的。由于测

量系统及组成测量系统的仪表是多种多样的，对其静态性能的描述就有不同的侧重点。因此，一台仪表或一个测量系统的静态性能究竟用哪一些指标描述较合适，目前还没有完全统一的标准。本书给出了一些主要指标，这对于深入了解仪表或测量系统是很有用处的。

1.4.1 量程

仪表或测量系统所能测量的最大输入量与最小输入量之间的范围，叫仪表或测量系统的量程或测量范围。正确地选择仪表的量程，对选择整个系统的量程是十分重要的。选用仪表时，首先应对被测量的大小有一个初步估计，务必使被测量的值处在仪表量程之内，最好处在仪表量程的 2/3 至 3/4 范围内。对于测压仪表，应保证被测参数的示值处在量程的 1/2 至 2/3 范围内。如果仪表或测量系统的量程选择太小，被测量的值超出量程，则会使仪表或测量系统过载而受损；如果仪表或测量系统的量程选择太大，则会使测量准确度下降。总之，在能保证测量准确度的前提下，应合理选择仪表或测量系统的量程。

1.4.2 基本误差

仪表的基本误差是指在规定的标准条件下，用标准设备进行静态校准时，所产生的最大绝对误差的绝对值与仪表量程之比，用百分数表示。如果用 R_m 表示仪表的基本误差，则：

$$R_m = \frac{|\Delta x_{max}|}{A_m} \times 100\% \tag{1-35}$$

式中，A_m 和 Δx_{max} 分别为仪表量程和最大绝对误差。

基本误差是表征仪表品质的主要指标，要求基本误差不超过允许误差。

1.4.3 允许误差

仪表出厂时应保证它的基本误差不超过某一规定值，该规定值称为仪表的允许误差。而仪表的准确度等级则是按国家统一规定的允许误差大小划分的。允许误差以引用误差的形式表示，引用误差去掉百分数后的数字，就是仪表的准确度等级。为此，国家按允许误差大小划分的仪表准确度等级为 0.02，0.04，0.05，0.1，0.2，0.35，0.5，1.0，1.5，2.5，4.0，…数字愈小，准确度愈高。

仪表在出厂时，不仅要在产品说明书中说明仪表的准确度等级，而且要在仪表的表盘上标出等级数字，即在仪表指示面板上要刻有该仪表的准确度等级符号。例如，某一台仪表的准确度等级为 1.0 级，则表示其允许误差为 $\pm 1.0\%$，即该仪表各处示值的误差均不允许超过该仪表量程的 $\pm 1.0\%$。一台合格的仪表，其基本误差要小于或等于仪表的允许误差，否则为不合格仪表，应酌情降级使用。

注意：在测量工作中，只有使用同一准确度等级且量程相同的仪表，才能保证仪表的允许误差相等。对于同一准确度等级的仪表，如果仪表量程不同，则其允许误差是不同的。量程愈大，仪表允许误差愈大。故在选用仪表时，在满足被测量数值范围的前提下，应尽可能选择量程小的仪表，以提高测量的准确性。仪表刻度盘的分度值不应小于仪表的允许误差。

1.4.4 重复性

在同一种工作条件下，多次按同一方向输入信号做全量程变化时，对应于同一输入值，输出值的一致性叫作重复性。重复性指全量程上同一输入值对应的最大输出值和最小输出值之差 ΔB_{max} 与量程 A_m 之比，以百分数表示，记作 B，即

$$B=\Delta B_{max}/A_m\times 100\% \tag{1-36}$$

在测量工作中，无论选用什么仪表，都要求测量数据在相同条件下具有较好的重复性，即 B 越小越好。在保持一定输入信号和工作条件下，仪表输出值发生的变化叫漂移。因漂移的存在，时间越长，测量数据的重复性就越差。因此，这类仪表需注明重复性的大小。用户在选用仪表时，要对反映仪表各方面性能的指标进行考查，但不要不分场合和实际需要，盲目追求高、精、尖，要选用既能满足测量要求，又使用方便、操作简单、投资小的仪表。仪表在投入运行使用中，要定期检查它们的某些主要性能指标，以保证检测工作的质量。

思考题与习题

1-1　何谓热工测量？热工测量有何意义？热工测量的主要参数有哪些？

1-2　在科学实验中，为什么要进行多次等准确度测量？真值能否测出？

1-3　举例说明直接测量、间接测量和组合测量在实际测量中的应用。

1-4　何谓等准确度测量和非等准确度测量？要做到等准确度测量，应注意的事项有哪些？

1-5　何谓测量误差？测量误差的表示方法有哪几种？各代表什么意义？说明为什么测量值的绝对误差有时不宜作为衡量测量准确度的尺度？

1-6　何谓准确度、正确度、精密度？三者之间有何关系？它们与随机误差和系统误差有何关系？

1-7　何谓仪表的允许误差、基本误差？举例说明仪表允许误差与准确度等级之间的关系。

1-8　通过减小仪表盘刻度标尺最小分度值的方法来提高仪表的准确度等级是否能达到目的？为什么？

2 温度与热量的测量

与传热密切相关的温度与热量的测量在专业学习、科学研究和工业生产中具有重要意义。通过温度、热量的测量，可以了解物质的状态、物理过程等信息，从而掌握热量传递规律，为专业学习、科学研究提供数据支持。在工业生产中，温度、热量的测量可以帮助实现温度控制自动化等操作，提高产品质量和生产效率。

2.1 温度的测量

温度的宏观概念建立在热平衡的基础上，基于热力学第零定律，即假定有两个热力学系统，它们分别与第三个热力学系统处于热平衡，则这三个热力学系统彼此也必定处于热平衡。在此状态下这三个热力学系统一定拥有某种共同的宏观性质，这一决定系统热平衡的宏观性质称为温度。从微观角度看，温度是物体内部分子热运动剧烈程度的标志。分子运动愈快，温度愈高；分子运动愈慢，温度愈低。

温度只能通过物体随温度变化的某些特性来间接测量。物质的多种物理特性都与温度密切相关，如体积、密度、导热系数、发射率、电导率、热电势和辐射功率等，因而可以通过测量其中某些物理量的变化间接地获得温度数值。用来量度物体温度数值的标尺叫作温标。

2.1.1 温标

温标是温度数值的表示方法，是温度的单位制。为定量地确定温度，需要对温度的零点和分度做出具体规定，以此来度量物体或系统温度的高低，给出具体的温度数值。不同温度计的零点和分度不同，由温标决定。在温度计的发展过程中，出现了多种温标，如摄氏温标、华氏温标、热力学温标和国际实用温标等。

2.1.1.1 摄氏温标

摄氏温标规定，在标准大气压下，纯水冰点为 0 ℃，沸点为 100 ℃，在这一范围内划分 100 等份，每一等份则代表 1 ℃。摄氏温标是工程上通用的温度标尺。

2.1.1.2 华氏温标

华氏温标规定，在标准大气压下，纯水的冰点为 32 ℉，沸点为 212 ℉，在这一范围内划分 180 等份，每一等份就称为华氏 1 ℉。华氏温标与摄氏温标的关系为

$$t=\frac{5}{9}(F-32) \tag{2-1}$$

华氏温标与摄氏温标统称为经验温标，二者都是根据液体（如水银等）受热后容积膨胀的性质建立起来的。经验温标测得的温度数值与温度计所采用物质的物理性质有关，如水

银的纯度、玻璃管的材质等。经验温标在推动科学技术进步和促进测温学发展方面意义重大，但存在测温上限与下限易受限制等弊端。

2.1.1.3　热力学温标（开尔文，K）

为了克服经验温标的弊端，一种与物质任何物理性质无关的温标应运而生。1848 年，英国物理学家开尔文在总结前人温度测量实践经验的基础上，基于热力学第二定律提出了一种与工作物质性质无关的理想温标，即热力学温标。根据卡诺定理，在温度为 T_1 的热源与温度为 T_2 的冷源之间工作的可逆热机，具有以下关系：

$$\frac{T_1}{T_2}=\frac{Q_1}{Q_2} \tag{2-2}$$

式中，Q_1 为工作物质从热源吸收的热量；Q_2 为工作物质往冷源放出的热量。

如果再规定一个条件，就可根据以上关系，通过卡诺循环中的传热量来确定温标。由于热量只与热源有关，与工作物质无关，所以该温标不依赖工作物质的性质，是一种绝对温标。1954 年，国际计量大会规定水的三相点的温度为 273.16 K，并以 1/273.16 为 1 K。热力学温度 T 可表示为：

$$T=273.16\,\frac{Q_1}{Q_2} \tag{2-3}$$

热力学温度又称绝对温度，是国际单位制七个基本量之一，单位为开尔文，简称开，符号为 K，其描述的是客观世界真实的温度。热力学温标是一种理想温标。在热力学中，从理论上可以证明，热力学温标与理想气体温标是完全一致的，所以通常借助于气体温度计来复现热力学温标。热力学温标、华氏温标、摄氏温标的比较如图 2-1 所示。

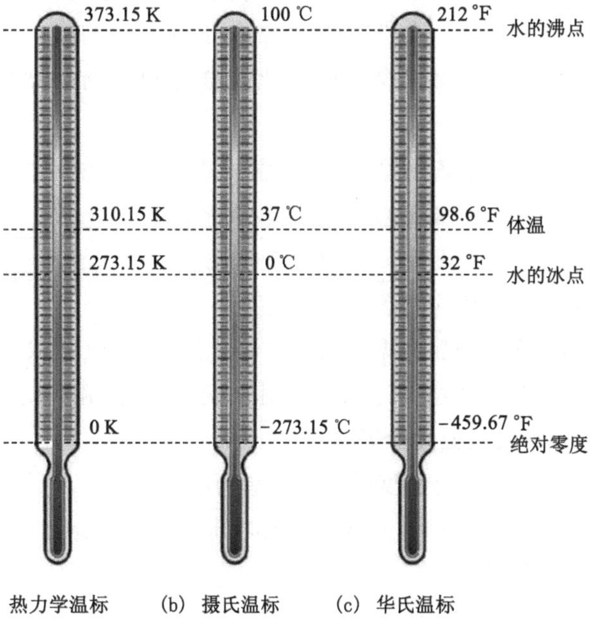

图 2-1　热力学温标、华氏温标、摄氏温标的比较

2.1.1.4 国际实用温标

国际实用温标是一个国际协议性温标，它与热力学温标接近，而且复现精度高，使用方便。现在通用的国际实用温标是 ITS-90。

ITS-90 由 0.65 K 向上提高到普朗克辐射定律使用单色辐射实际可测量的最高温度。ITS-90 规定，在全量程中，任何温度的国际开尔文温度 T_{90} 值都非常接近于温标采纳时热力学温度的最佳估计值。与直接测量热力学温度相比，T_{90} 的测量要方便得多，而且更为精密，具有很高的复现性。ITS-90 定义 1 K 等于水的三相点热力学温度的 1/273.16，通常将比水的三相点低 0.01 K 的温度规定为摄氏零度。国际开尔文温度（T_{90}）和摄氏温度（t_{90}）之间的关系式为：

$$t_{90} = T_{90} - 273.15 \tag{2-4}$$

热力学温度又称为绝对温度，是热力学和统计物理中的重要参数之一。一般所说的绝对零度指的是 0 K，对应零下 273.15 ℃。

实现国际温标需要满足 3 个条件：一要有定义温度的固定点，一般利用水、纯金属及液态气体的状态变化；二要有复现温度的标准器，通常利用标准铂电阻、标准铂铑电阻及标准光学高温计；三要有固定点之间计算温度的内插方程式。

2.1.2 测温原理及温度计分类

温度是确定物质状态的重要参数，在许多工艺过程中常常需要使物料或半成品的温度达到某一温度范围，才能实现该种物质的状态变化。温度是日常生活、工业生产和科学研究中普遍且重要的热工参数之一，温度的测量与控制均具有十分重要的意义。温度本身是一个抽象的物理量，它不像长度、质量和时间等物理量可以直接与标准量比较而测出，必须通过测量随温度变化而发生变化的某些物理量（如尺寸、电导率、热电势和辐射强度等）间接得到。通过测量某个参数的变化间接得到被测物体的温度，这就是温度计的测温原理。

在测温过程中，为了便于精确测量，用于测温的物质特征参数应是连续地、单值地随温度变化而变化，且不受其他因素影响和具有较高的温度灵敏度。经过长期实践，人们制造出了各种类型的温度计（表 2-1）。常见温度计的类型如下：

（1）利用物质热膨胀与温度的关系制造的温度计

该类温度计包括利用固体膨胀与温度的关系制造的温度计（如双金属温度计等）、利用液体的膨胀与温度的关系制造的温度计（如玻璃水银温度计等）和利用气体的膨胀与温度的关系制造的温度计（如压力表式温度计等）。

（2）利用金属或半导体电阻与温度的关系制造的温度计

对于铂、铜等金属导体或半导体，当温度变化时其电阻值也会相应地发生变化，利用这一关系可制成各种电阻温度计。

（3）利用热电效应制造的温度计

两种不同的金属导体在两个端点上相互接触，当两端点温度不同时，回路内就会产生热电势。热电偶温度计就是利用这一原理制成的。

(4) 利用物体的辐射能与温度的关系制造的温度计

物体的辐射能与温度存在一定的关系。利用这一关系可制成各种辐射式测温仪，如光学高温计以及各种红外辐射温度计等。

表 2-1　常用测温仪表的测温原理及基本特征

测量方式	仪表名称	测温原理	精度	特点	测量范围(一般情况)/℃
接触式测温	双金属温度计	固体受热膨胀	1.0～2.5	优点是可靠性高，结构简单，反应速度快，机械强度高，读数方便；缺点是准确性受限，温度响应范围窄，易受金属疲劳影响，制造工艺复杂，不适用于日常生活，精度较低，不便远传	−80～600
	压力表式温度计	在定容条件下，气体、液体的压力随温度的变化而变化	1.0～2.5	优点是结构简单可靠，机械强度高，价格便宜，反应速度快，可远距离传送；缺点是测量精度较低，测温范围有限，仪表密封系统复杂，时间常数大，热损失大，受环境温度影响较大	−50～550
	玻璃管液体温度计	液体受热膨胀	0.5～2.5	优点是结构简单，价格便宜，精度较高，读数清晰，应用广泛；缺点是易碎且不坚固，测温有一定延迟，不便自动记录和远传	−100～600
	热电阻温度计	金属或半导体电阻随温度的变化而变化	0.5～3.0	优点是精度高，灵敏度高，稳定性好，线性度好，适用范围广，便于远传，机械强度较高；缺点是结构复杂，响应速度慢，价格较高，需外加电源，易受环境影响	−200～650
	热电偶温度计	热电效应	0.5～1.0	优点是测温范围广，响应速度快，可靠性高，结构简单、制造方便，便于远传；缺点是灵敏度低，稳定性差，线性度差，低温测量精度较低	−200～1 800
非接触式测温	光学高温计	物体单色辐射强度及亮度随温度的变化而变化	1.0～1.5	优点是响应速度快，测量范围广，高精度和可靠性，结构简单，携带方便，不破坏温度场；缺点是价格较高，测量精确度易受环境影响，易产生目测主观误差，外界反射辐射会引起测量误差	−80～600
	辐射高温计	物体全辐射能随温度的变化而变化	1.5	优点是结构简单，高速测量，不干扰被测对象，适用范围广，稳定性好；缺点是精度较低，光路上环境介质易吸收辐射，产生测量误差，环境依赖性强	−80～600

2.1.3 测温方式

按温度计的感温部分是否与被测物体接触，温度计测温方式可分为接触式和非接触式测温。

（1）接触式测温

温度不同的两个物体相互接触，由于它们之间有温差存在，热量就会从高温物体向低温物体传递。如果这两个物体与外界没有能量传递，则经过足够长的时间两者就会达到热平衡状态，即传热量为零，两者温度相等。如果其中一个物体是温度计的感温部分，另一个物体是被测物体，则温度计的感温部分就可充分反映被测物体的温度。接触法测温就是基于这一原理。

（2）非接触式测温

非接触式测温目前在工业上以辐射式测温为主，它的特点是辐射能探测器不与被测物体直接接触。由于辐射能探测器不与被测物体接触，所以被测物体温度不会发生变化。非接触式测温不仅可以测量移动或转动物体的温度，而且可以通过扫描的方法测得物体表面的温度分布。但辐射式测温一般只能测得亮度温度或辐射温度，为了求得真实温度，还必须根据被测对象的黑度对测量值进行修正。

2.2 接触式测温技术

在热工课程实验系统中，热电偶温度计、热电阻温度计和辐射式测温仪表应用较多，因此，本章仅介绍这三种类型的测温仪表。

热电偶是目前接触式测温中应用最广泛的温度传感器。它具有结构简单、制造方便、测量范围广、热惯性小和输出信号便于远传等许多优点。除此之外，热电偶还可用于测量各种流体和固体内部某点及固体表面的温度。

2.2.1 热电偶测温技术

2.2.1.1 测温原理

（1）热电效应

由两种不同的导体 A 和 B 组成的闭合回路称为热电偶，如图 2-2 所示。导体 A、B 为热电极。当两接点的温度不同时，回路中将产生电流，该电流称为热电流。产生热电流的电动势称为热电势，这一现象称为热电现象，它是由塞贝克在 1821 年发现的，故又称为塞贝克效应。研究表明，热电势是由温差电势和接触电势组成的。

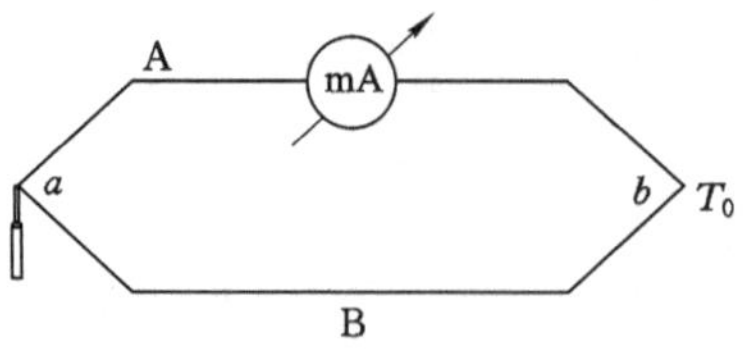

图 2-2 塞贝克效应原理

(2) 温差电势

温差电势是指在同一根导体中因导体两端的温度不同而产生的热电动势。导体两端温度不同,故其两端电子的能量也不同,如图 2-3 所示。

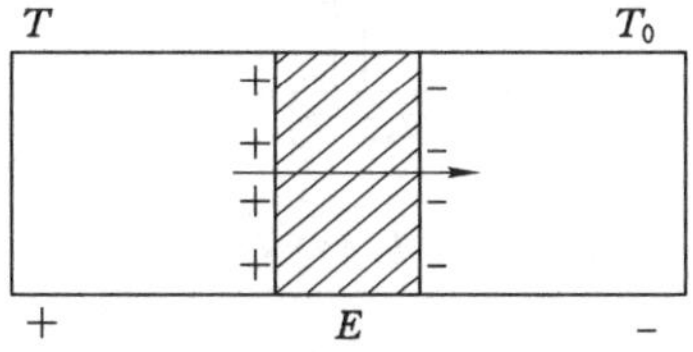

图 2-3 温差电势示意图

由于高温端(温度为 T)的电子能量比低温端(温度为 T_0)的电子能量大,从高温端流向低温端的电子数 $N_A(T)$ 比从低温端流向高温端的电子数 $N_B(T)$ 要多,因此,高温端因失去电子而带正电荷,低温端因得到电子而带负电荷,从而在高、低温端之间形成了一个方向由高温端指向低温端的静电场。静电场将阻止高温端电子流向低温端,同时加速低温端电子流向高温端,最后达到动态平衡,在导体两端产生一个相应的电位差,该电位差称为温差电势 $E_A(T,T_0)$,其方向是由低温端指向高温端,此电势只与导体性质和导体两端的温度有关,可用下式表示:

$$E_A(T,T_0)=\frac{k}{e}\int_{T_0}^{T}\frac{1}{N_A(T)}\mathrm{d}[N_A(T)\cdot T] \tag{2-5}$$

$$E_B(T,T_0)=\frac{k}{e}\int_{T_0}^{T}\frac{1}{N_B(T)}\mathrm{d}[N_B(T)\cdot T] \tag{2-6}$$

式中,k 为波尔兹曼常数;e 为电子电量。

(3) 接触电势

接触电势是在两种不同的导体 A 和 B 接触处产生的一种热电势。当两种不同的导体 A 和 B 连接在一起时,由于两者有不同的电子密度 N_A、N_B,因此,接触处会发生自由电子的扩散。若 $N_A>N_B$,则电子在两个方向上的扩散速率就会不同。在单位时间内,由导体 A 扩散到导体 B 的电子数比由导体 B 扩散到导体 A 的电子数多,导体 A 因失去电子而带正电,导体 B 因得到电子而带负电,于是在导体 A、B 的接触面上便形成了一个方向由 A 到 B 的静电场,如图 2-4 所示。这个静电场将阻碍扩散作用的继续进行,同时加速电子向相反方向转移。在某一温度下,电子的扩散能力与静电场的阻力达到动态平衡,此时在接触处形成的电动势称为接触电势,用符号 $E_{AB}(T)$ 表示,并用下面的数学式来表示:

$$E_{AB}(T)=\frac{kT}{e}\ln\frac{N_A(T)}{N_B(T)} \tag{2-7}$$

$$E_{AB}(T,T_0)=E_{AB}(T)-E_{AB}(T_0)+E_B(T,T_0)-E_A(T,T_0) \tag{2-8}$$

经整理得:

$$E_{AB}(T,T_0)=\frac{k}{e}\int_{T_0}^{T}\ln\frac{N_A(T)}{N_B(T)}\mathrm{d}T \tag{2-9}$$

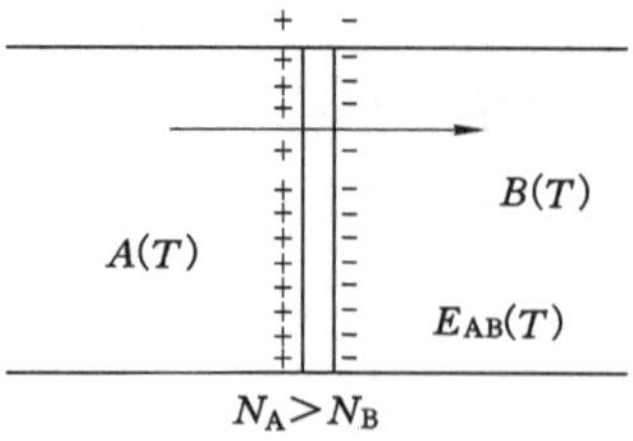

图 2-4　接触电势示意图

由于 N_A、N_B 是温度的单值函数，因此式(2-9)的积分式可表示为：

$$E_{AB}(T, T_0) = f(T) - f(T_0) \tag{2-10}$$

由以上公式可得出如下结论：

① 热电偶回路热电势的大小只与组成热电偶的材料及两端的温度有关，与热电偶的长度、粗细无关。

② 只有用不同性质的导体或半导体才能组合成热电偶，相同材料不会产生热电势。因为当 A、B 两种材料是同一种材料时，$\ln[N_A(T)/N_B(T)]=0$，则 $E_{AB}(T, T_0)=0$。

③ 只有当热电偶两端的温度及组成材料都不同时，才有热电势产生。

④ 材料确定后，热电势的大小只与热电偶两端的温度有关。如果使 $f(T_0)$ 等于常数，则回路热电势 $E_{AB}(T, T_0)$ 就只能与温度 T 有关，而且是 T 的单值函数，这就是利用热电偶测温的原理。

闭合回路中的热电势如图 2-5 所示。各种热电偶温度与热电势的关系既可以用函数的形式表示，也可以用表格的形式表示。通常将温度较高的一端称为热端或工作端，温度较低的一端称为冷端或自由端。

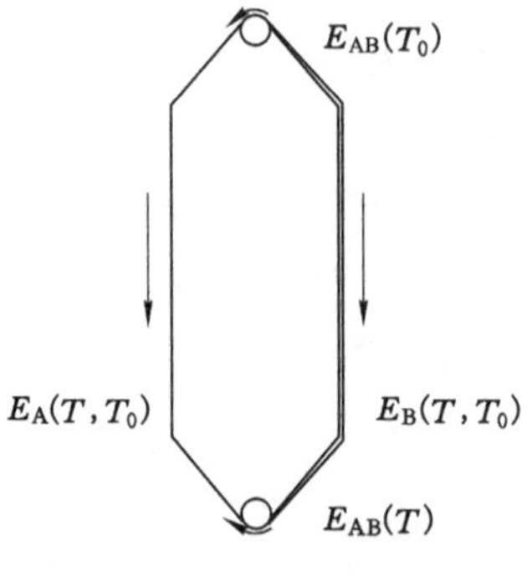

图 2-5　闭合回路中的热电势

2.2.1.2　热电偶的基本定律

在使用热电偶测温时，还会应用到热电偶的三条基本定律。

(1) 均质导体定律

该定律的含义为：由同一种均质材料(导体或者半导体)两端焊接组成的闭合回路，无论导体截面如何、是否存在温度梯度，都不可能产生热电势。实际生产中可以利用该定律检验热电偶材料是否为均质材料。

(2) 中间导体定律

中间导体定律的含义为：在热电偶回路中接入第三种导体，只要中间导体两端的温度相同，那么中间导体的引入对热电偶回路的总电势就没有影响。

依据中间导体定律，在热电偶实际测温应用中经常采用热端焊接、冷端开路的形式，冷端经连接导线与显示仪表连接构成测温系统。由中间导体定律可以得出以下结论：① 可将电位差计等测量仪表接入热电偶回路中，只要它们接入热电偶回路中两端温度相同，那么仪表的接入对热电偶总的热电势就没有影响。而且对任何热电偶接点来说，若接触良好，温度均一，则不论采用何种方法构成接点，都不影响热电偶回路的热电势。② 若两种导体 A、B 对另一种参考导体 C 的热电势已知，则由这两种导体组成的热电偶的热电势是它们对参考导体热电势的代数和。

(3) 中间温度定律

热电偶 A、B 在接点温度分别为 T、T_0 时的热电势 $E_{AB}(T,T_0)$ 等于热电偶 A、B 在温度分别为 T、T_N 和 T_N、T_0 时的热电势 $E_{AB}(T,T_N)$ 和 $E_{AB}(T_N,T_0)$。由中间温度定律可以得出如下结论：① 中间温度定律为制定热电偶分度表奠定了基础。各种热电偶的分度表是在冷端温度为 0 ℃时制定的，如果在实际应用中热电偶的冷端温度不为 0 ℃，而是某一温度 T，这时显示仪表指示的热电势值为 $E_{AB}(T,T_N)$，而 $E_{AB}(T_N,0)$ 可从分度表上查得，将二者相加，即得 $E_B(T,0)$，按照该电势值再查相应的分度表，便可得到测量端温度的大小。② 与热电偶具有同样特性的补偿导线可以引入热电偶的回路中，这就为工业测量中应用补偿导线提供了理论依据。

2.2.2　热电阻测温技术

在温度测量领域，除了广泛使用热电偶之外，电阻温度计也是应用非常广泛的测温仪表，尤其在低温测量中，电阻温度计应用较为普遍。目前使用的国际温标规定，从 13.81 K 到 903.15 K 的温度范围内，以铂电阻温度计作为基准仪器。

热电阻测温的主要优点是：① 测量精度高、测量范围广，复现性好。② 通过电信号传递，有利于实现远距离监测、控制，易于实现多点切换。③ 灵敏度高，不需冷端，输出信号强，便于显示仪表的识别与检测。

电阻温度计由热电阻、显示仪表和连接导线组成。根据电阻材料的不同，电阻温度计的测温范围为 0.3～900 K。热电阻大都由纯金属材料制成，目前所用材料大多是铂和铜，不过现在已开始采用镍、锰和铑等材料。工业测量使用的金属热电阻材料除铂外，还有铜、镍、铁、铁-镍等。

(1) 热电阻的测温原理

热电阻是利用其电阻值随温度变化而变化这一原理制成的温度传感器。其通过给感温热电阻施加一已知激励电流来测量其两端电压的方法得到电阻值，再将电阻值转换成温度值，从而实现温度测量。因此，只要测量出感温热电阻的阻值变化，就可以测量出温度。目前热电阻主要有金属热电阻和半导体热敏电阻两类。

金属热电阻的电阻值和温度一般可以用以下近似关系式表示：

$$R_T = R_0[1+\alpha(T-T_0)] \tag{2-11}$$

式中，R_T 是温度为 T 时的电阻值；R_0 是温度为 T_0 时的电阻值；α 为电阻温度系数。α 的定义为温度变化 1 ℃时电阻值的相对变化量，单位为℃$^{-1}$，即

$$\alpha = \frac{\mathrm{d}R/R_0}{\mathrm{d}T} = \frac{1}{R_0}\times\frac{\mathrm{d}R}{\mathrm{d}T} \tag{2-12}$$

大多数金属的电阻温度系数不是常数，但在一定温度范围内可取其平均值作为常数值。作为测量热电阻的阻值而间接测量温度的仪表，其显示值就是按照上述规律进行刻度的。因此，要得到线性刻度，就需求出电阻温度系数。α 在 $T_0 \sim T$ 的范围内（测量范围内）为常数。

热电阻的温度系数越大，表明热电阻的灵敏度越高。一般情况下，材料的纯度越高，热电阻的温度系数就越大。通常纯金属的温度系数比合金要大，所以多采用纯金属来制造热电阻。热电阻的温度系数还与制造工艺有关。在使用热电阻材料拉制金属丝的过程中，会产生内应力，并由此引起电阻温度系数的变化。因此，在制作热电阻时必须进行退火处理，以消除内应力的影响。

当热电阻在温度为 T 时的电阻值 R 和电阻温度系数均为已知时，便可通过测量热电阻的阻值来反映测点的温度 T。虽然大多数金属导体的阻值随温度变化而变化，但并不是所有的金属导体都能作为测量温度的热电阻材料。作为测温热电阻的材料应满足以下要求：① 电阻温度系数大且与温度无关，这样才能保证良好的灵敏度和线性度；② 电阻率大，这样可使电阻的体积较小，热惯性也较小，对温度变化的响应比较快；③ 在测温范围内，应具有稳定的物理性质和化学性质，确保测量结果的稳定性；④ 电阻与温度最好呈近似线性关系，这样可降低测量数据处理及显示难度；⑤ 复现性好，易于加工复制，价格低廉。一般纯金属的电阻温度系数都较大，目前应用最广的热电阻是铂热电阻和铜热电阻。这两种金属热电阻由于具有良好的使用性，已被列为可标准化、系列化的热电阻。

2.2.3　玻璃管式液体温度计

玻璃管式液体温度计（图 2-6）是利用液体随温度升高而膨胀的原理制成的。其最常用的液体有水银和酒精两种。由于液体膨胀系数较大，因此当温度升高时储存在温包里的液体膨胀而沿毛细管上升。为防止温度过高时液体胀裂玻璃管，在毛细管顶端留有一膨胀室。

这种温度计的特点是测量准确、读数直观、结构简单、价格低廉、使用方便，因此应用很广，但它也有易碎、信号不能远传和不能自动记录等缺点。液体介质采用水银的好处是水银不易氧化变质、纯度高及熔点和沸点的间隔大，且其常压下在 −38～356 ℃范围内保持液态，特别是在 200 ℃以下时水银的膨胀系数具有较好的线性度，所以普通水银温度计常用于 −30～−300 ℃范围内的温度测量。如果在水银面上充以惰性气体，则测温上限可以高达 750 ℃；如果测量 −30 ℃以下的温度，则可用酒精、甲苯等作为工作介质。

玻璃管式液体温度计按用途可分为标准、实验室用、工业用和特殊用途玻璃管式液体温度计四类。其中，标准玻璃管式液体温度计为全浸入式，即使用时需将测值以下全部刻度浸

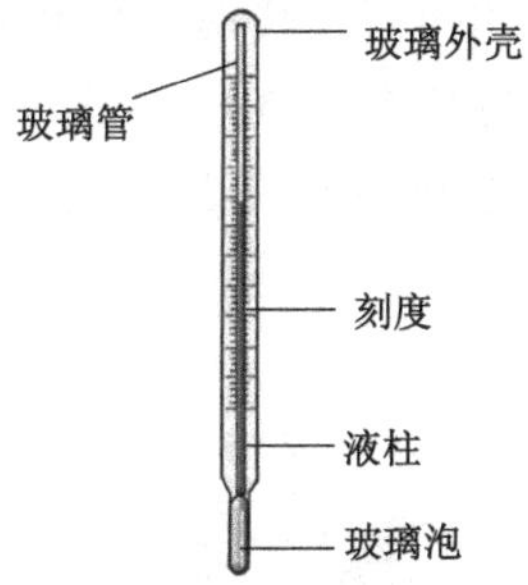

图 2-6 玻璃管式液体温度计

入被测介质中，它可以用来校验实验室用或工业用的玻璃管式液体温度计、热电偶或热电阻等，也可作精密测量之用；实验室用的玻璃温度计通常可以做成全浸入式和部分浸入式两种，其中部分浸入式玻璃管式液体温度计在使用时只需插入一定深度，外露部分要处于规定的温度条件下。

任何水银温度计在使用前必须检查是否有"断丝"现象发生，即液柱有无断开现象。如有，则必须修复后才能使用。使用时间较长的玻璃温包可能因骤冷骤热而变形，会增大附加误差。为判断温度计的稳定性，可检查温度计零点是否发生位移。

2.2.4 双金属温度计

将膨胀系数不同的两种金属片（A 和 B）焊成一体，就构成了双金属温度计，如图 2-7 所示。双金属温度计的双金属片一端固定，另一端自由。当温度升高时，双金属片发生弯曲变形产生偏转角 α。α 可反映被测温度的数值，即

$$\alpha = \frac{360}{\pi} K \frac{L(t - t_0)}{\delta} \tag{2-13}$$

式中，K 为比弯曲，单位为℃$^{-1}$；L 为双金属片的有效长度，单位为 mm；δ 为双金属片的总厚度，单位为 mm；t、t_0 分别为被测温度和起始温度，单位为℃。

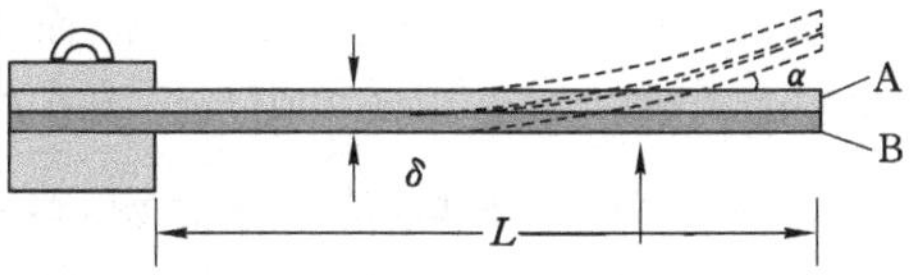

图 2-7 双金属温度计测量原理

为使双金属温度计具有更高的灵敏度，有时将双金属片做成螺旋管状。双金属温度计的最大优点是抗震性能好、坚固，但其精度较低，只能用于工业中。

2.2.5 压力式温度计

压力式温度计是根据封闭系统的液体或气体受热后压力发生变化的原理而制成的测温仪表，它主要由敏感元件温包、传压毛细管和盘簧管（弹簧管）压力表组成，如图 2-8 所示。若给其封闭系统充以气体，如氮气等，则这样的压力式温度计称为充气压力式温度计，其测温上限可达 500 ℃，压力与温度呈近似线性关系，但是温包体积大，热惯性大；若

给其封闭系统充以液体，如二甲醇、甲醇等，则温包体积小些，测温范围也有变化。此外，若充以低沸点的液体（如丙酮等），则其饱和气压将随被测温度的变化而变化，可用于50～200 ℃范围内的温度测量。此种温度计由于饱和气压与饱和气温呈非线性关系，故温度计刻度是不均匀的。

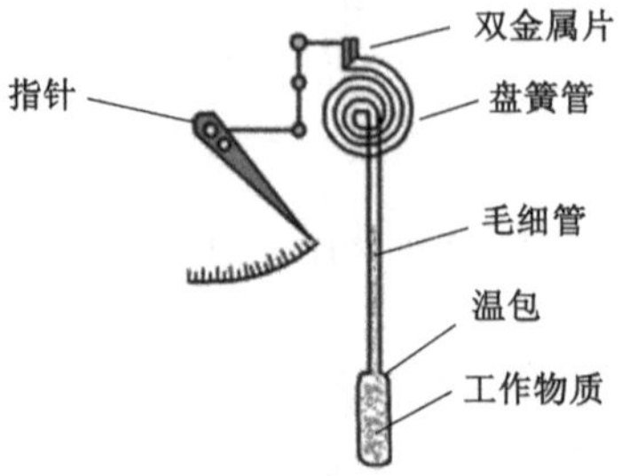

图 2-8　压力式温度计示意图

在使用压力式温度计时，必须将温包全部浸入被测介质中，毛细管最长不超过 60 m。当毛细管所处的环境温度有较大波动时，会对示值带来误差。若大气压发生变化或安装位置不当，则会增大测量误差。这种温度计虽然精度低，但使用方便，而且抗震动，所以常用在露天变压器和交通工具上，如监测拖拉机发动机的油温或水温等。

2.3　非接触式测温技术

接触式测温方法虽然被广泛采用，但不适于测量运动物体的温度和极高的温度，为此人们研发了非接触式测温方法。非接触式温度测量仪表分为两类：一类是光学辐射式高温计，包括单色光学高温计、光电高温计、全辐射高温计和比色高温计等；另一类是红外辐射仪，包括全红外辐射仪、单红外辐射仪和比色仪等。

这种测温方法的优点是，感温元件不与被测介质接触，因而不会破坏被测对象的温度场，也不受被测介质的腐蚀等影响。由于感温元件不用与被测介质直接达到热平衡，其传感器本身温度可以大大低于被测介质的温度，因此，从理论上说，这种测温方法的测温上限不受限制。此外，它的动态特性好，可测量处于运动状态物体的温度和变化的温度。

2.3.1　热辐射测温的基本原理

非接触式测温可采用检测热辐射强度的方法间接测量物体的温度。任何热力学温度不为 0 K 的物体，其内部带电粒子受激励时都会向外放射不同波长的电磁波。人们把热能以电磁波的形式向外辐射称为热辐射。热辐射理论是辐射式测温仪表的理论依据。物体温度越高，带电粒子被激励得越激烈，向外发出的辐射能就越大。

辐射高温计是根据黑体辐射原理进行温度测量的。它由感温元件和指示部分组成，其中感温元件为辐射能感温器，工业上常用的辐射能感温器有热电堆和真空热电偶。辐射高温计的测温上限很高，可达 2 800 ℃，甚至更高。由于光学系统和探测元件对光谱辐射的响应有选择性，不可能完全接收全波长的辐射，因此，辐射高温计分为全辐射高温计和部分辐射高温计。下面以全辐射高温计为例进行介绍。

(1) 全辐射高温计测温原理

全辐射高温计(图 2-9)也可称为宽带辐射温度计，根据黑体的全波长辐射能与温度之间的关系来测量温度。黑体的全波长辐射能与其热力学温度的 4 次方成正比，即

$$E_0 = \sigma_0 T^4 \tag{2-14}$$

式中，E 为波长从 0 至无穷大的全波长辐射能量的总和；σ_0 为斯蒂芬-玻尔兹曼常数，$\sigma_0 = 5.67\times10^{-8}$ W/(m^2 · K)。

由上式可知，当知道黑体的全波长辐射能量 E 后，就可知道温度 T。物体的全波长辐射能由物镜聚焦后经光栏使焦点落在热电堆上。热电堆是由 4 支镍铬-考铜热电偶串联起来的，4 支热电偶的热端被夹在十字形的锡箔内，锡箔涂成黑色以增大其吸收系数。当辐射能聚焦到锡箔时，热电偶热端感受到高温，串联后的热电势输出到显示仪表，仪表指示或记录被测物体的温度。4 支热电偶的冷端夹在云母片中，其温度比热端低得多。在调节聚焦的过程中，观察者可以在目镜处观察，目镜前加有灰色玻璃以削减光的强度来保护人的眼睛，整个外壳内壁面涂成黑色以减少杂光的干扰。

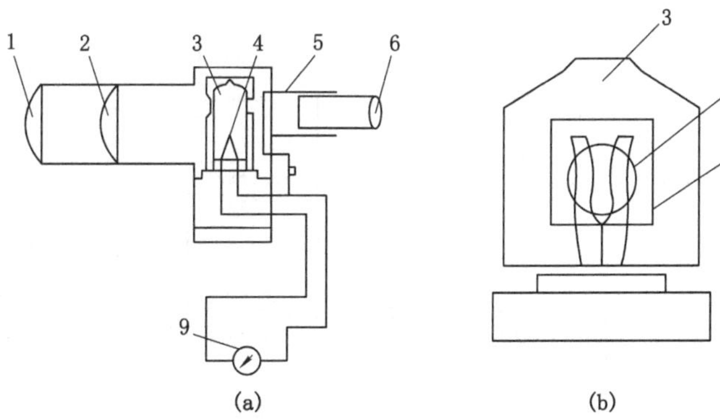

1—物镜；2—光栏；3—玻璃泡；4—热电堆；5—灰色滤光片；6—目镜；7—铂箔；8—云母片；9—显示仪表。

图 2-9 全辐射高温计结构示意图

全辐射高温计按绝对黑体对象进行分度。用它测量辐射率为 ε 的实际物体温度时，其示值并非真实温度，而是被测物体的辐射温度。辐射温度的定义为：对于温度为 T 的物体，当其全辐射能量 E 等于温度为 T_p 的绝对黑体全辐射能量时，温度 T_p 即被测物体的辐射温度。

按定义 $E=\varepsilon\sigma_0 T^4$，$E_0=\sigma_0 T_p^4$，当 $E=E_0$ 时，T 的计算式为：

$$T = T_p \sqrt[4]{\frac{1}{\varepsilon}} \tag{2-15}$$

由于 ε 是小于 1 的数，因此 T_p 总是低于 T。全辐射高温计是按黑体刻度来测量非黑体温度的，其读数是被测物体的辐射温度 T_p，然后再用式(2-15)计算出被测物体的真实温度 T。

(2) 全辐射高温计注意事项

在使用全辐射高温计时,应注意:全辐射体的辐射率 ε 随物体的成分、表面状态、温度和辐射条件的不同而不同,因此应尽可能准确地确定被测物体的 ε,以提高测量的准确度;被测物体与全辐射高温计之间的距离 L 与被测物体的直径 D 之比(L/D)有一定的限制。此外,每一种型号的全辐射高温计对 L/D 的范围都有规定,使用时应按规定执行,否则会引起较大的测量误差;使用时环境温度不宜太高,否则会引起热电堆参比端温度升高而增大测量误差。

2.3.2 红外温度计

红外温度计的测量范围为 0～200 ℃,它主要由光学系统、红外探测器和电子测量线路等组成,其结构和原理示意图如图 2-10 所示

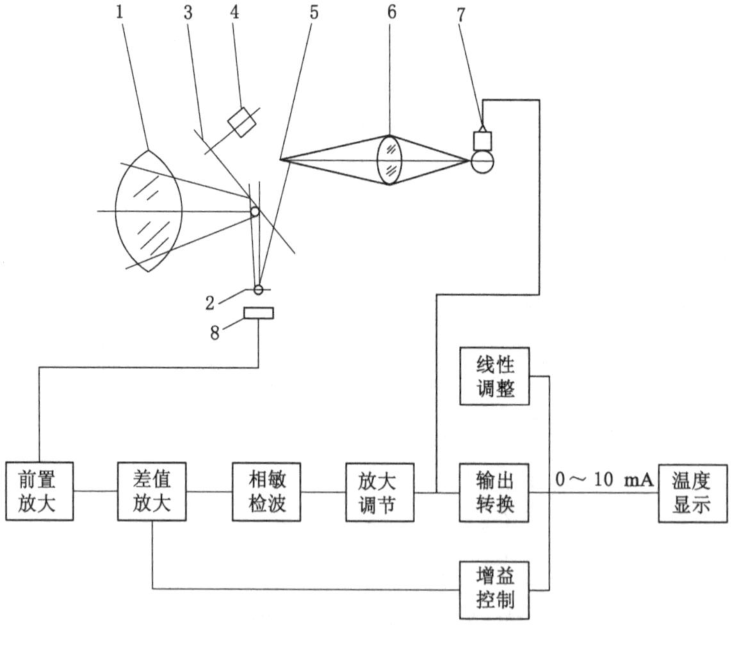

1—物镜;2—滤光片;3—调制盘;4—激励电动机;5—反光镜;6—聚光镜;7—参比灯;8—红外探测器。

图 2-10　红外温度计的结构和原理示意图

红外温度计的物镜采用卡塞洛林双反射系统,被测对象的辐射由物镜聚焦于红外探测器,其带有采用硫化锌材料制成的窗口,可透过波段为 2～15 μm 的可见光。在物镜和探测器之间插入一块倾斜角为 45°的硅单晶滤光片(透过波段为 2～15 μm),它与硫化锌组合后,会使仪表检测波段局限于中红外波段。辐射调制由红外探测器(接收被测物体红外辐射能并转换为电信号的器件)前方的调制盘来实现,调制频率为 30 Hz。

红外温度计探测红外线的热敏电阻的输出形式接成桥路形式,当探测器接收辐射后,阻值发生变化,桥路失去平衡,由此产生的交流电信号经前置放大、差值放大、相敏检波、放大调节及输出转换后,由表头指示出温度,如图 2-10 所示。

2.3.3 热像仪

热像仪是测量物体表面温度分布的仪器,它所依据的基本测量原理与红外温度计相同。与一般红外温度计不同的是,热像仪使用了自动扫描技术来测量物体表面温度的分布,并通过热成像技术给出物体的二维温度分布图,即热像图。在进行测量时,目标扫描系统对被测物体的一定区域进行扫描,获得温度面分布的光信号。此光信号在控制程序作用下逐点投向探测器进行光电转换,获得与光信号相关的电流信号。此电流信号经放大电路放大并经电光转换后,由成像扫描系统在显示器上显示出目标的热像画面,如图 2-11 所示。

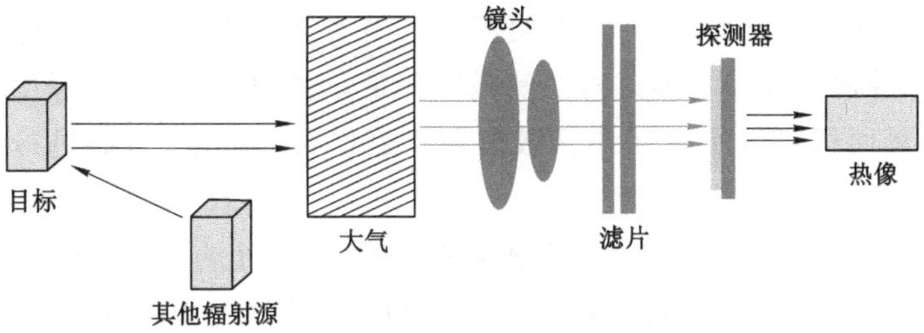

图 2-11 热像仪原理示意图

热像仪常用的扫描系统有两种:一种是光机扫描系统;另一种是红外扫描系统。光机扫描系统的扫描机构是可运动的精密光学部件;红外扫描系统采用的是光子检测器吸收目标发出的辐射光子,并在极短时间内将其转换成电子视频信号。与其他测温方法相比,热像仪在以下两种情况具有明显的优势:① 温度分布不均匀的大面积目标的表面温度场的温度测量。② 在有限的区域内快速确定过热点或过热区域的测量。

目前,热像仪已应用于高压输电线路故障隐患点的测定,半导体器件、印制电路、集成电路的温度检测,热力设备的温度分布检测,以及疾病诊断等方面。此外,热像仪也是军事、公安等部门的重要设备。

2.2 热流量的测量

2.2.1 热流量

由于温差普遍存在,传热极为常见。传热现象非常复杂,它包括热传导、对流和热辐射 3 种方式,因此热流也有 3 种基本方式,即导热热流、对流热流和热辐射热流。在某些特殊条件下,为了阻止或限制传热,需要采取各种保温措施,反之则需要强化传热。因此,熟悉热量传递的过程,并根据需要对其进行热量控制及测量具有显著的实际意义。例如,为了提高热能的利用效率,在研究多种热能设备(如锅炉、工业炉窑、冷库等)与热工过程热量平衡时,需要对其热流量进行测量;对某些设备进行改造时,为了获得较高的能量效率,必须获得热流量的定量数据。热流量的测量在科学实验、生产过程中至关重要。热流密度 q 是指在单位时间、单位面积内,温度较高的物体向温度较低的物体传递的热量,可用如下公式表示:

$$q=\frac{Q}{A} \tag{2-16}$$

式中,Q 为单位时间内通过给定换热面积的热量,单位为 W;A 为换热面积,单位为 m^2;q 为热流密度,单位为 W/m^2,其与垂直于传热截面方向的温度变化率成正比,方向指向温度降低的方向,即与温度梯度的方向相反。

热流量测量的方法有很多种,目前常用的测量仪表是热流计。热流计是一种能直接测定热流量的装置,它能直接指示热流量的大小,并起到反映热量交换状态的作用。例如,热流计可以用来测定建筑物或各种保温材料的传热量。此外,它与热电偶或热电阻温度计相互配合,还可以用来测定正在使用中的各种建筑材料和保温材料的热物性参数,如导热系数、导温系数等。通过对热流量的测定,可以控制工业过程中传热设备的正常运行,根据换热面积和热流密度计算散热和吸热损失的程度,从而进行工程设备热能利用与热平衡研究等。

由于传热有 3 种不同的基本方式,故热流量的测量方式也有 3 种:第一种是采用接触式测量热流量大小的方法,该方法用于测量导热传热热量;第二种是对流换热测量热流量的方式,通过进口温度、出口温度和热流量测试进行计算;第三种是辐射换热测量热流量的方法,采用的仪器为辐射热流计。由于影响对流的因素复杂,直接用热流计测量对流热量较困难,而测量热传导和热辐射的热流量相对简单。目前,人们已研制出各种热传导热流计和辐射热流计,还有用于测量流体输送热量的输送式蒸汽或热水热流计。热流计按照结构不同主要可分为:金属片型、薄板型、热电堆型、热量型及潜热型 5 种。这些热流计的工作原理、使用范围、测量精度、应用方法各不相同。

2.2.2 热流密度的测量

热阻式热流计(或称温度梯度型热流测头)是应用最为普遍的一类热流计。它不但可测量固体传导热流量或表面热量损失,还可以与热电偶或热电阻温度计配合使用来测量各种材料或保温材料的热物性参数。

热阻式热流计由热阻式热流传感器和热流显示仪两部分组成。其中,热阻式热流传感器将热流信号变换为电势信号输出,供指示仪表显示测量数值。当热流通过平板(或平壁)时,由于平板具有热阻,在其厚度方向上的温度梯度呈下降趋势,平板的两侧面具有一定的温差,利用温差与热流量之间的对应关系就可进行热流量的测定,这就是热阻式热流计的基本工作原理,如图 2-12 所示。

如果需要测定平壁的热流量 q,则可以在该平壁表面安装一个平板状的热流传感器,也就是相当于在被测壁面上增加一个局部的辅助层,如图 2-13 所示。根据传热学傅立叶定律可知,未装热流传感器时,在稳态导热条件下通过被测壁面的热流密度 q'_r 为:

$$q'_r=\frac{\Delta T'}{\dfrac{\delta_1}{\lambda_1}}=\frac{\lambda_1}{\delta_1}\Delta T' \tag{2-17}$$

式中,ΔT 为未装热流传感器时被测壁面两侧的温度差,单位为 ℃;δ_1 为被测壁面的厚度,单位为 m;λ_1 为被测壁面材料的导热系数,单位为 W/(m·℃)。

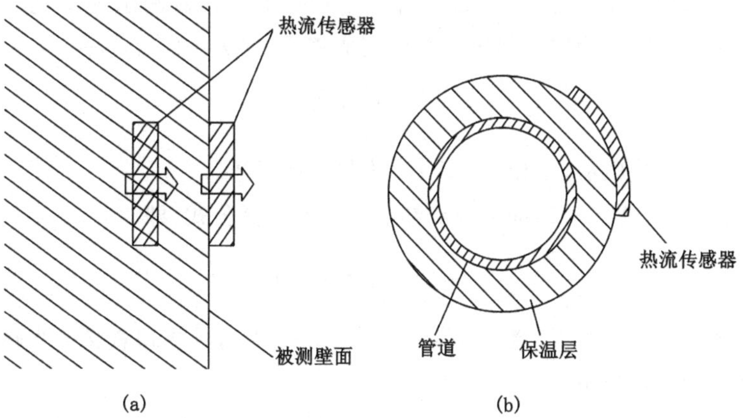

图 2-12 热阻式热流计工作原理

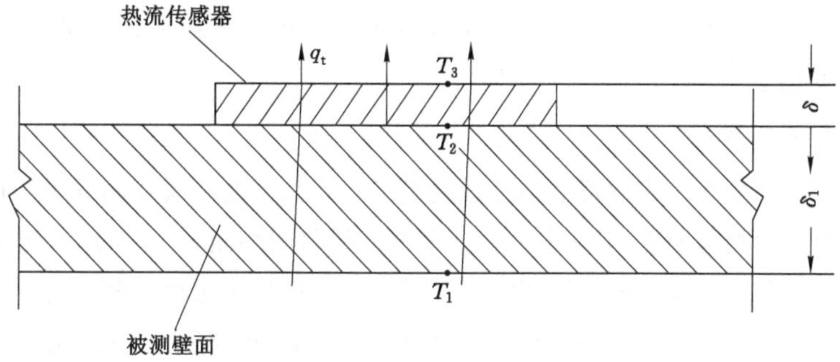

图 2-13 热流传感器工作原理

安装热流传感器相当于增加了辅助层，致使通过被测壁面的热流量发生变化，其热流密度 q''_r 为：

$$q''_r = \frac{T_1 - T_3}{\frac{\delta_1}{\lambda_1} + \frac{\delta}{\lambda}} = \frac{\Delta T''}{\frac{\delta_1}{\lambda_1} + \frac{\delta}{\lambda}} \tag{2-18}$$

式中，$\Delta T''$为被测壁面安装热流传感器后多层壁面的温度差，单位为℃，即 $\Delta T'' = T_1 - T_3$；δ 为热流计的厚度，单位为 m；λ 为热流计的导热系数，单位为 W/(m・℃)。

由式(2-18)可知，当热流传感器辅助层的 δ/λ 与被测壁面的 δ_1/λ_1 相比很小时，δ/λ 可忽略不计，此时 $\Delta T'' \approx \Delta T'$，热流密度 $q'_r \approx q''_r$，可近似认为被测壁面在加装热流传感器后，其传热工况不受影响，即通过热流传感器的热流量等于通过被测壁面的热流量。在稳定状态下，通过热流传感器的热流密度 q_r 为：

$$q_r = \frac{T_2 - T_3}{\frac{\delta}{\lambda}} = \frac{\lambda}{\delta} \Delta T \tag{2-19}$$

式中，ΔT 为被测壁面加装热流计后热流传感器两面的温度差，单位为℃，即 $\Delta T = T_2 - T_3$。

如果用热电偶测量上述温度差 ΔT，并且所用热电偶在被测温度变化范围内其热电势与温度呈线性关系，则认为输出热电势与温度成正比，即 $E=C'\Delta T$，故有：

$$\Delta T=\frac{E}{C'} \tag{2-20}$$

式中，E 为热电偶的热电势，单位为 mV；C'为热电偶系数。

将式(2-20)代入式(2-19)即可得到热流密度的计算公式，即

$$q_r=\frac{\lambda E}{\delta C'}=C\cdot E \tag{2-21}$$

式中，$C=\lambda/(\delta C')$，为热流计系数，单位为 $W/(m^2\cdot mV)$，其物理意义为当热流计有单位电势输出时，通过它的热流量为 C。

当导热系数 λ 和热电偶系数 C'的值不受温度影响且为定值时，热流计系数 C 为常数。当温度变化幅度较大，导热系数 λ 和热电偶系数 C'的值不是定值时，热流计系数 C 则不为常数。由式(2-21)可知，通过传感器的热流密度与它所输出的热电势成正比，因此，测得热电势的大小就可知道热流密度的值，这就是热阻式热流传感器的工作原理。

2.2.3 常用的热流计

2.2.3.1 金属片型热流计

这种热流计是用具有一定厚度 δ 以及较稳定导热系数 λ 的金属片制成的。它在安装时用螺栓固定在热源的待测壁面上，其安装示意图和测温线路图如图 2-14 所示。图中用两个反向串联的热电偶测出两点的温度差 ΔT，然后代入式(2-19)即可得出热流密度的大小。金属片型热流计结构简单，使用起来非常方便，在一般没有特殊要求的情况下经常使用。

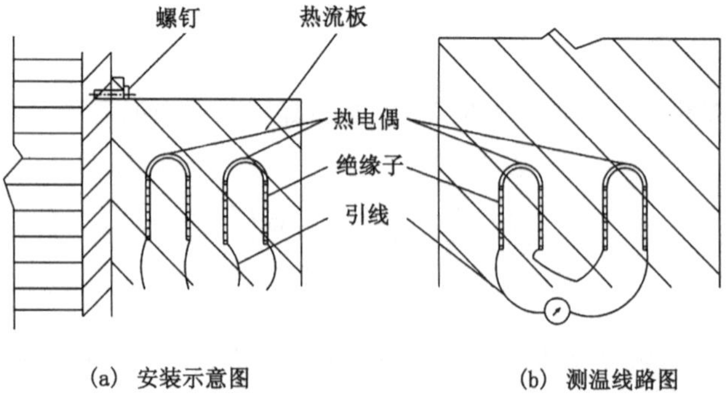

图 2-14 金属片型热流计

2.2.3.2 薄板型热流计

图 2-15 为薄板型热流计示意图。薄板型热流计与金属片型热流计的工作原理相同，它也是利用热电偶测量被测物两点的温度或电势，从而确定热流密度的大小。这种热流计是利用自然方法构成的，一般在铜或康铜板的表面镀上康铜或铜就构成了薄板型热流计。将这种薄板型热流计安装在待测物的表面，由于热流通过薄板型热流计两面时产生温度差，而温度差又产生热电势，因此通过测出热电势的大小即可确定热流密度的大小，即

$$q = \frac{\delta}{\lambda}(T_1 - T_2) = K \cdot E \tag{2-22}$$

式中，E 为热电偶温度差产生的热电势，单位为 mV；K 为与已知薄板型热流计相关的常数，它与材料的导热系数 λ、薄板的厚度 δ 和热电偶的热电特性都有关系。

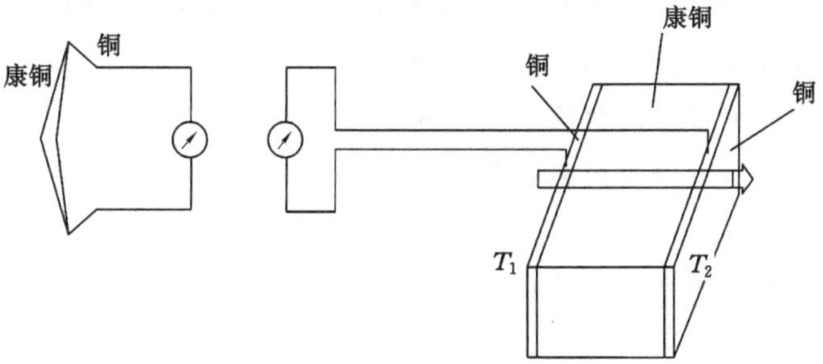

图 2-15 薄板型热流计示意图

2.2.3.3 热电堆型热流计

热电堆型热流计是目前应用最广泛且最为简便的热流计，它是由数量很多的热电偶串联在一起构成的。其热电势很大，因此很容易反映热流密度的大小。

热电堆型热流计的种类很多，主要有平板形和圆弧形两类，但它们的工作原理却是相同的。下面以平板形热电堆型热流计为例简单介绍其构造。

平板形热电堆型热流计是由若干个热电堆片镶嵌于一块边框中制成的，如图 2-16 所示。边框尺寸一般约为 130 mm×130 mm，材料是厚 1 mm 左右的环氧树脂玻璃纤维板，中间挖空。将挖下的材料剪成小条，尺寸约为 10 mm×10 mm，作为制作热电偶的基片。在基片上绕制热电堆后，用环氧树脂封于边框中，然后将热电堆的引出线相互串联，将两个端头焊在接线片上，最后在表面贴上涤纶薄膜作为保护层，一个完整的平板形热电堆型热流计就制作完成了。

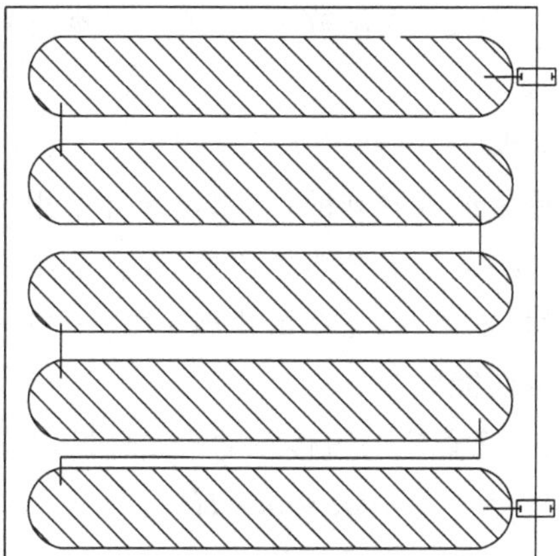

图 2-16 平板形热电堆型热流计

由于热电堆是由数量很多的热电偶串联而成的，由热电偶的工作原理可知，其总热电势等于各分热电势的叠加，因此当有微小热流通过热电堆片时，虽然基片两面的温差很小，但也会产生足够大的热电势，从而有利于显示出热流量的数值，并达到一定的精度要求。

热电堆型热流计的测量精度是由传感器在检定时与在实际测量时的传热条件差异造成的。形成测量误差的主要原因有以下几个方面：

（1）被测量表面与传感器接触状态的差异。

（2）被测量表面与传感器发射率的差异。

（3）对流换热的差异。

（4）传感器埋设处导热系数的差异。

2.2.4 热量的测量

大多数工矿企业和交通部门以及大型公共建筑（包括集中住宅区），甚至现代化的农业工程中，都备有蒸汽锅炉和热水锅炉。它们通过产生过热蒸汽、饱和蒸汽和高温热水来推动机器运转、发电或采暖供热。因此，由输送蒸汽和热水的管道所组成的热网系统不仅非常有必要，而且要有严格的科学管理。无论是蒸汽还是热水，作为载热介质，热能都是通过它们传输给各类用户的。那么，怎样科学地计量各类热源所产生的热量并经管道将热介质输送到用户？用户又怎么知道自己消耗了多少热量和消耗的热量是否合理？这就需要用到诸如热水热量计和蒸汽流量计这一类热量计量仪表。热水热量计是利用测量流过受热面积的冷却水所吸收的热量或流过受热面积的热水所释放的热量得到热流密度的仪表。当利用流过受热面积的冷却水所吸收的热量求热流密度 q 时，热水热量计采用的计算式为：

$$q = cm(T_1 - T_2) \tag{2-23}$$

式中，m 为流过受热面积的冷却水量，单位为 kg，在测量时可保持定值；T、T_2 分别为进、出口水温度，单位为 ℃，一般用热电偶温度计进行测量；c 为水的比热容，单位为 J/(kg · ℃)。

由于热流变化时，水温 T_1 和 T_2 变化较小，故采用受热面的热流密度只能测出热流量的平均值，而不能测出其瞬时值。

2.2.4.1 热水热量计的测量原理

热水热量的测量在工程中是经常遇到的，热水热量计常用于载热介质——水通过锅炉或热网的某个热力点（热交换站）所输送的热能数量，或者是热用户所消耗的热能数量的测量。所谓热水热量的测量，确切地说，就是测量载热介质——水通过热水锅炉或热网的某个热力点（热交换站）时所得到的热能数量。

根据热力学第一定律，对一个稳定的流体流动微元过程，有

$$dq_r = m_s dH \tag{2-24}$$

式中，m_s 为稳定的微元过程中热水的质量流量；dH 为稳定的微元过程中热水进出微元时焓值的增量；dq_r 为稳定的微元过程中热水进、出微元时单位时间内输送的热能数量。

对一个有限过程，热水吸收的热量可表示为：

$$\int \mathrm{d}q_{\mathrm{r}} = \int m_{\mathrm{s}} \mathrm{d}H \tag{2-25}$$

如果热水通过锅炉或者热网热力点的进、出口时质量相等，则有：

$$Q_{\mathrm{r}} = \int_{t_1}^{t_2} m_{\mathrm{s}}(H_1 - H_2)\mathrm{d}t \tag{2-26}$$

式中，H_1 和 H_2 分别为热水通过锅炉或热网热力点进、出口时的焓值；Q_{r} 为一段时间内热水的累计热量；t_1 和 t_2 分别为某一段时间的开始和终止时刻。

由式(2-26)可以看出，要测量热量 q_{r} 就必须测出热水的质量流量 m_{s} 和热水在热交换前后的焓值变化(H_1-H_2)。热水的质量流量可以利用流量计测得容积流量，然后用温度计测得供水温度，并按该温度的热水密度对流量值进行修正计算求得。热水的焓值是无法直接用测量方法获得的，而且其在不同温度下是不同的。为了求得 H_1-H_2，就要分别求出 H_1 和 H_2，可通过分别测量进、出口热水的温度，然后根据焓值与温度的函数关系式得出进、出口热水的焓值。

由此可见，在热水锅炉或热网热力点输送热水的管道上安装流量计和温度计，分别测出热水流量和进、出口热水温度，经过计算得到热水的质量流量及焓值，就可得到热水的热量。

2.2.4.2 饱和蒸汽热量计的测量原理

蒸汽分为过热蒸汽与饱和蒸汽两种，因此蒸汽热量计也相应地分为过热蒸汽热量计和饱和蒸汽热量计两种。考虑到饱和蒸汽热量计使用的场合较多，下面简单介绍饱和蒸汽热量计的测量原理。饱和蒸汽热量计显示的数值是瞬时热量和计算热量。

饱和蒸汽热量计与热水热量计测量原理一样，其热量的计算公式为：

$$q_{\mathrm{r}} = m_{\mathrm{q}}(H_{\mathrm{q}} - H_{\mathrm{s}}) \tag{2-27}$$

式中，q_{r} 为检测饱和蒸汽的热量；m_{q} 为饱和蒸汽的质量流量；H_{q} 和 H_{s} 分别为进口换热器的饱和蒸汽焓值及出口热水的焓值。

当使用孔板流量计时，瞬时热量为：

$$q_{\mathrm{r}} = \alpha\sqrt{\Delta p \rho_{\mathrm{q}}}(H_{\mathrm{q}} - H_{\mathrm{s}}) \tag{2-28}$$

式中，α 为孔板流量计计算公式中的系数；Δp 为压差值，单位为 MPa；ρ_{q} 为实际状态下的饱和水蒸气的密度，单位为 $\mathrm{kg/m^3}$。

由于载热介质水蒸气的焓值较大，而热水的焓值较小，两者差别很大，故可忽略热水的焓值，此时热量的计算公式可近似地写成：

$$q_{\mathrm{r}} = \alpha\sqrt{\Delta p \rho_{\mathrm{q}}}H_{\mathrm{q}} \tag{2-29}$$

通常情况下，饱和蒸汽汽水分离的效果不好，往往带有水分，即湿饱和蒸汽。湿饱和蒸汽所含水分的多少用干度 x 来表示。x 的大小直接关系流量和焓值的大小。由于湿饱和蒸汽是一种汽水混合的两相流体，或者饱和蒸汽经过节流元件时压力变低，有可能发生相变，所以使用标准孔板测其流量会带来测量误差。因此在实际使用中，应在流量公式中加一个修正环节。整个修正环节主要由干度 x 决定，于是热量 q_{r} 的计算公式就变为：

$$q_{\mathrm{r}} = (1.56 - 0.56x)\alpha\sqrt{\Delta p \rho_{\mathrm{q}}}H_{\mathrm{q}} \tag{2-30}$$

思考题与习题

2-1 什么是温标？目前采用的国际温标包含哪几个要素？

2-2 常用的温度测量仪表有哪些？

2-3 简述热电偶的工作原理。

2-4 常用的热流计有哪些？

2-5 简述热阻式热流传感器的工作原理。

2-6 简述热水热量计的工作原理。

2-7 简述饱和蒸汽热量计测量的工作原理。

3 压力、流速与流量的测量

3.1 压力的测量

压力是热工测量的重要参数之一。准确的压力测量是对流换热系数测定实验、沸腾传热实验、凝结传热实验等顺利进行与安全运行的必要保障。在工业生产中，许多热工生产过程通常在一定压力下或一定压力范围条件下运行。因此，准确地测量和控制压力是保证实验及生产过程顺利进行，达到优质、高产、低能耗的重要环节。

3.1.1 压力的概念

工程技术中的压力指物理学中的压强，即垂直作用在物体单位面积上的力的大小。国际单位制中压力的单位是帕斯卡，用 Pa 表示。

3.1.2 压力的表示方法

压力的表示方法以其参考零点压力的不同而不同，一般可以分为绝对压力和表压力。

(1) 绝对压力 p_a：以绝对真空为零点压力起算的压力。

(2) 表压力 p_g：以环境大气压力为零点压力起算的压力。

绝对压力、表压力与当地大气压力 p_0（大气层中的物体受大气层自身重力产生的作用于物体上的压力）之间的关系式为：

$$p_a = p_g - p_0 \tag{3-1}$$

3.1.3 压力测量仪表

按测量信号原理不同，压力测量仪表主要分为液柱式压力计、弹性式压力计和电气式压力计三类。

3.1.3.1 液柱式压力计

液柱式压力计是利用液柱所产生的压力与被测压力平衡，并根据液柱高度来确定被测压力大小的压力计。其测量原理是利用一定高度的液柱所产生的压力平衡被测压力，用相应的液柱高度显示被测压力。所用的液体称为封液，常用的封液有水、酒精、水银等。液柱式压力计具有结构简单、显示直观、使用方便、精度较高及价格便宜等优点，但由于结构和显示方面的原因，液柱式压力计的测压上限一般不高。当液柱内的封液为水银时，其测压上限可达到 2 000 mmHg(1 mmHg=133.322 Pa)。液柱式压力计主要适用于小压力、真空及压差的测量。

液柱式压力计可分为 U 形管压力计、单管压力计、多管压力计、斜管微压计、补偿式微压计、差动式微压计、钟罩式压力计和水银气压计等。下面主要介绍U形管压力计和单管压力计。

(1) U形管压力计

① 结构

U形管压力计如图3-1所示，它由三部分组成：U形玻璃管、标尺及管内的工作液体(封液)。U形管中两个平行的直管又称为肘管。精密的U形管压力计有游标对线装置、水准器、铅锤等。

② 工作原理

如图3-1所示，取0—0、1—1和2—2三个截面，在2—2截面建立左、右两个肘管的平衡面。设两侧测压管液体上面的流体密度分别为ρ_1和ρ_2，工作液体的密度为ρ，当地大气压力为p_0，则等压面2—2处可列出如下平衡方程式：

$$p+\rho_1 g(H+h)=\rho_2 gH+\rho gh+p_B \tag{3-2}$$

$$p_g=p-p_B=(\rho_2-\rho_1)gH+(\rho-\rho_1)gh \tag{3-3}$$

式中，H为测压点距1—1截面之间的垂直距离，单位为m；p为被测压力，单位为Pa。

如果用U形管压力计测量同一种介质的两个压差Δp，因$\rho_1=\rho_2$，故：

$$\Delta p=(\rho-\rho_2)gh \tag{3-4}$$

(2) 单管压力计

单管压力计是U形管压力计的变形仪表，又称杯形压力计。它是由宽容器(杯形容器)、肘管、标尺、封液等构成的。其中，标尺可以是单独的，也可以直接刻在肘管的玻璃上，如实验室常用的仪表一般都是把分度线刻到肘管的玻璃上。单管压力计可以测量较小的压力、真空度及压差等。

① 结构

如图3-2所示，单管压力计右边杯形容器的内径D远大于左边管子的内径d，由于右边杯形容器内工作液体体积的减小量始终与左边管内工作液体体积的增加量相等，故有：

$$\frac{\pi}{4}D^2h_2=\frac{\pi}{4}d^2h_1 \tag{3-5}$$

$$h_2=\frac{d^2}{D^2}h_1 \tag{3-6}$$

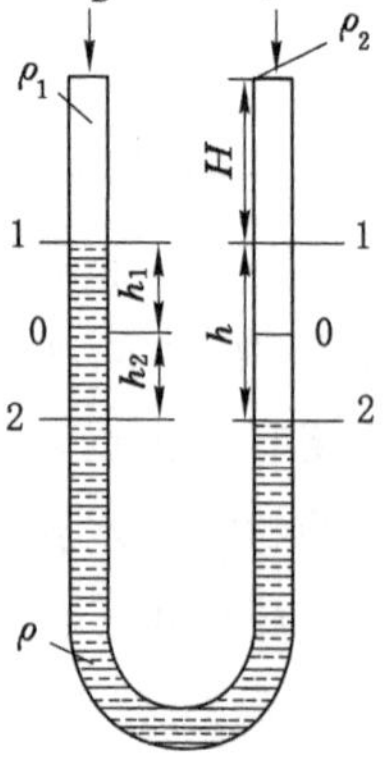

图3-1　U形管压力计

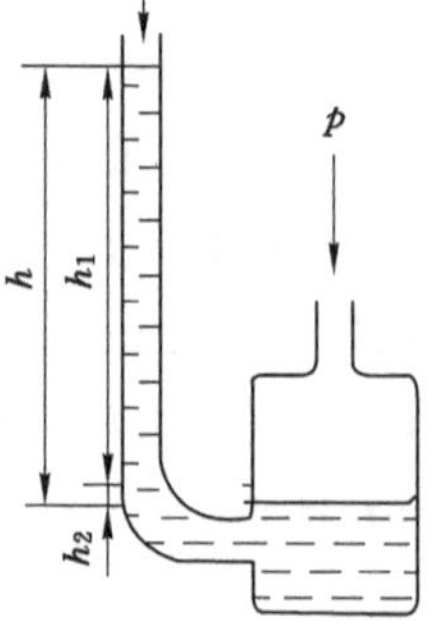

图3-2　单管压力计

② 工作原理

单管压力计的工作原理与U形管压力计的相同。根据流体静力学的相关知识，将式(3-6)代入表压力的计算公式可得：

$$p_g=\rho gh=\rho g(h_1+h_2)=\rho g\left(1+\frac{d^2}{D^2}\right)h_1 \tag{3-7}$$

因 D 远大于 d，故式(3-7)可转化为：

$$p_g=\rho gh_1 \tag{3-8}$$

3.1.3.2　弹性式压力计

弹性式压力计是工业生产过程中广泛使用的一类压力计，具有结构简单、操作方便、性能可靠、价格低廉的优点，可以直接测量气体、液体（如油、水等）、蒸汽等介质的压力。其测量范围很宽，从几十帕到几十吉帕，可测量正压、负压和压差。弹性式压力计利用各种不同形状的弹性元件，在压力作用下使弹性元件变形。弹性元件受压（或受拉）后产生的形变（位移）可以通过传动机构带动指针指示压力，也可以通过电气元件组成变送器，实现压力信号的远传。弹性式压力计的核心器件是弹性元件，弹性元件负责把被测量的压力转换成弹性位移信号输出。当结构、材料一定时，在弹性限度内，弹性元件发生弹性形变而产生的弹性位移与被测量的压力值有确定的对应关系。

弹性式压力计主要有弹簧管式压力计、薄膜式压力计和波纹管式压力计等。这些压力计的选择取决于具体的测压范围和精度要求。例如，弹簧管式压力计适用于较高压力的测量，而薄膜式和波纹管式压力计则适用于较低压力的测量。

(1) 弹簧管式压力计

弹簧管式压力计可做成不同的形状，但其核心元件是弹簧管。单圈弹簧管式压力计的传感器弯成圆弧形的空心管子。图3-3所示是单圈弹簧管受压后的变形情况，管子截面呈椭圆形或扁圆形，椭圆形的长半轴为 a，短半轴为 b，管子的开口端 A 固定在仪表接头座上，称为固定端，压力信号由接头座引入弹簧管内。管子的另一端 B 封闭，称为自由端，即位移输出端。

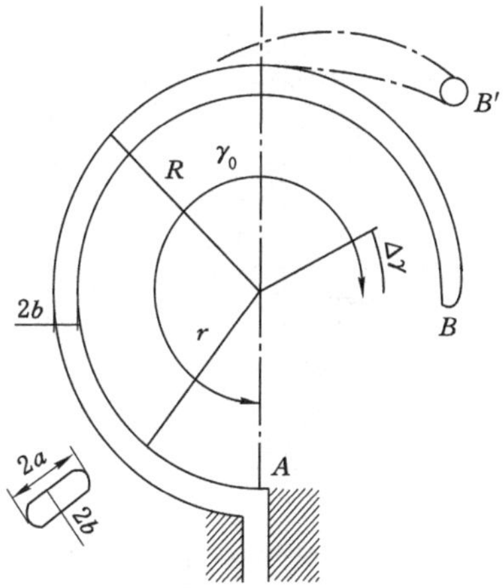

图3-3　单圈弹簧管受压变形示意图

当固定端通入被测压力时,弹簧管承受内压,因为压力顺着椭圆(或扁圆)截面的短轴方向,椭圆(或扁圆)内表面积增大,受力沿着短轴方向,导致短轴伸长,故管截面趋于圆形,弹簧管产生向外挺直的扩张形变,迫使自由端产生位移(由 B 移到 B'),使管子的总长度不变,只是中心角发生变化,即中心角随之减小。根据弹性形变原理可知,中心角的相对变化值 $\Delta\gamma/\gamma$ 与被测压力在弹性限度内呈如下比例关系:

$$\Delta\gamma/\gamma_0=\frac{\gamma_0-\gamma}{\gamma_0}=Kp \tag{3-9}$$

式中,γ_0 为原始中心角;γ 为任意压力作用下的中心角;p 为被测压力;K 为与弹性管材料、壁厚和几何尺寸等有关的系数。

(2) 薄膜式压力计

薄膜式压力计分膜片压力计和膜盒压力计两种,前者主要用于测量腐蚀性介质或非凝固、非结晶的黏性介质的压力,后者常用于测量气体的微压和负压。它们的敏感元件分别是膜片和膜盒。

膜片压力计的膜片分为弹性膜片和挠性膜片两种。其中,弹性膜片一般由金属制成。常用的弹性波纹膜片是一种压有环状同心波纹的圆形薄片,通入压力后,膜片将向压力低的一面弯曲,其中心产生一定的位移(挠度),通过传动机构带动指针转动,指示出被测压力。挠度与压力的关系主要由波纹的形状、数目、深度和膜片的厚度、直径决定。压力对膜片边缘部分的波纹影响较大,其变形情况基本上反映了膜片的特性。

图 3-4 所示为膜片压力计结构示意图。当被测介质从接头 1 传入膜室后,膜片下部承受被测压力,上部为大气压力,因此膜片产生向上的位移。此位移借助固定于膜片中心的球铰链 5 及顶杆 6 传至扇形齿轮 8,从而使中心齿轮 9 及固定在其轴上的指针 10 转动,在刻度盘上显示出相应的压力值。

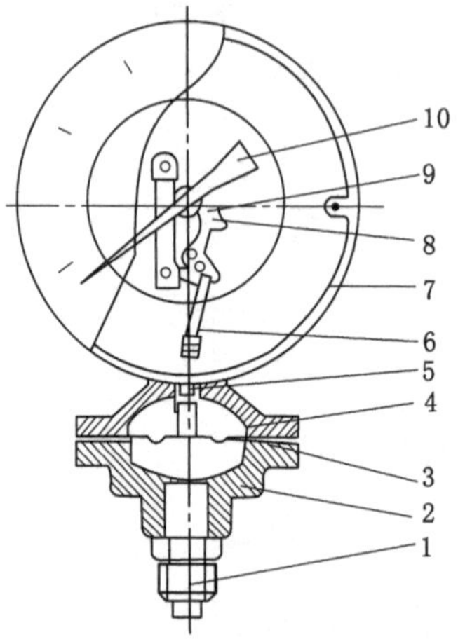

1—接头;2—膜片下盖;3—膜片;4—膜片上盖;5—球铰链;6—顶杆;7—表壳;8—扇形齿轮;9—中心齿轮;10—指针。

图 3-4 膜片压力计

膜片压力计的最大优点是可用来测量黏度较大的介质压力。当膜片下盖采用不锈钢材料制作或膜片下盖内侧涂以适当的保护层时，膜片压力计还可以用来测量某些腐蚀性介质的压力。

(3) 波纹管式压力计

波纹管是一种具有等间距同轴环状波纹，外周沿轴向有深槽形波纹状褶皱，且可沿轴向伸缩的薄壁管子。波纹管用金属薄管制成，受压时其线性输出范围比受拉时大，故常在压缩状态下使用。为了改善仪表性能，提高测量精度，在实际应用时，波纹管常和刚度比它大几倍的弹簧结合起来使用，其性能主要由弹簧决定。

波纹管式压力计在结构上可分为单波纹管式压力计(图 3-5)和双波纹管式压力计两种。在压力的作用下，波纹管式压力计膜面产生的机械位移不是依靠膜面的弯曲形变，而是主要依靠波纹柱面的舒展或屈服，从而带动膜面中心作用点的移动产生位移。

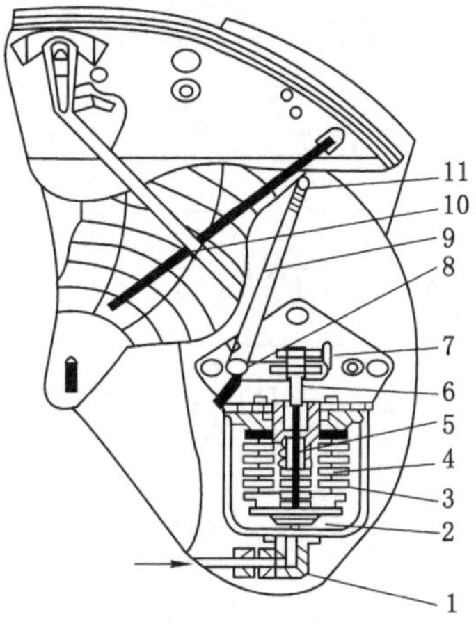

1—细铜管；2—测压室；3—波纹管；4,8—弹簧；5—传动导杆；6—滑块；7—调整螺钉；
9—角形杠杆；10—记录笔；11—拉杆。

图 3-5　单波纹管式压力计

3.1.3.3　电气式压力计

电气式压力计指利用敏感元件将被测压力转换成各种电量信号进行测量的压力计，如压阻式压力计、应变式压力计、电容式压差变送器、霍尔压力变送器及电感式压力变送器等。

3.2　流速的测量

流速是热力机械中工作物质运动状态的重要参数之一。常用的流速测量仪表主要有各种测压管、热线风速仪及激光多普勒测速仪等。下面重点介绍测压管和热线风速仪的测量原理。

3.2.1　测压管测量流速大小

随着现代科学技术的发展，测量气流速度的方法越来越多，目前最常用的方法是空气动力测压法，其典型仪表就是各种测压管。测压管可分为总压管、静压管、动压管、方向管和复合管，它是利用气流速度与压力的关系来测量速度的。

3.2.1.1 测量原理

当气流速度小于声速时,伯努利方程给出了同一流线上气流速度与气流其他状态参数的关系。当气流速度较低时,可不考虑其可压缩性,由伯努利方程得:

$$p+\frac{1}{2}\rho v^2=p^* \tag{3-10}$$

$$v=\sqrt{\frac{2}{\rho}(p^*-p)} \tag{3-11}$$

式中,p^* 和 p 分别为气流的总压和静压,单位为 Pa;ρ 为流体密度,单位为 kg/m^3;v 为流体速度,单位为 m/s。

当气流速度较高时,则需要考虑其可压缩性,可压缩气体等流体的伯努利方程为:

$$\frac{k}{k-1}\frac{p}{\rho}+\frac{v^2}{2}=\frac{k}{k-1}\frac{p^*}{\rho^*} \tag{3-12}$$

$$v=\sqrt{2\frac{k}{k-1}\left(\frac{p^*}{\rho^*}-\frac{p}{\rho}\right)} \tag{3-13}$$

$$v=\sqrt{2\frac{k}{k-1}RT\left[\left(\frac{p^*}{\rho^*}\right)^{\frac{k-1}{k}}-1\right]} \tag{3-14}$$

$$v=\sqrt{2\frac{k}{k-1}RT\left[1-\left(\frac{p}{\rho^*}\right)^{\frac{k-1}{k}}\right]} \tag{3-15}$$

$$p^*=p\left(1+\frac{k-1}{2}M^2\right)^{\frac{k}{k-1}} \tag{3-16}$$

$$p^*-p=\frac{\rho v^2}{2}\left(1+\frac{1}{4}M^2+\frac{2-k}{24}M^4+\cdots\right)=\frac{\rho v^2}{2}(1+\varepsilon) \tag{3-17}$$

$$p=\sqrt{\frac{2(p^*-p)}{\rho(1+\varepsilon)}},v=\sqrt{\frac{2}{\rho}(p^*-p)}=\sqrt{\frac{2}{\rho}(p^{*\prime}-p')\xi} \tag{3-18}$$

$$v=\sqrt{\frac{2(p^{*\prime}-p')}{\rho(1+\varepsilon)}\xi} \tag{3-19}$$

式中,k 为比热容比;ρ^* 为总密度;R 为气体常数;T 为温度;M 为马赫数;ε 为总压恢复系数;ξ 为总压损失系数;$p^{*\prime}$、p'分别为对应压力的修正值。

3.2.1.2 测量仪器

常见的测量流速的仪器有毕托管、微压计和孔板流量计等。设计测压管最主要的要求是尽一切可能保证总压孔和静压孔所接受的压力是真正被测点的总压和静压。

毕托管是最常用的测量总压和静压的测压管,如图 3-6 所示。毕托管前端总压孔 M 与侧面静压孔 N 通过圆头双层套管分别与压差计两端连接。从流体绕流考虑,静压孔 N 的流动状态既受上游毕托管头部绕流的影响,又受下游毕托管立杆绕流的影响。通过实验研究发现,当静压孔 N 开在某一适当位置时,这两种影响有可能互相抵消,使得该处的压力恰好等于未插入毕托管时的静压。

设计毕托管时,既要考虑静压孔的位置,又要考虑静压孔的数量和形状、毕托管的头部

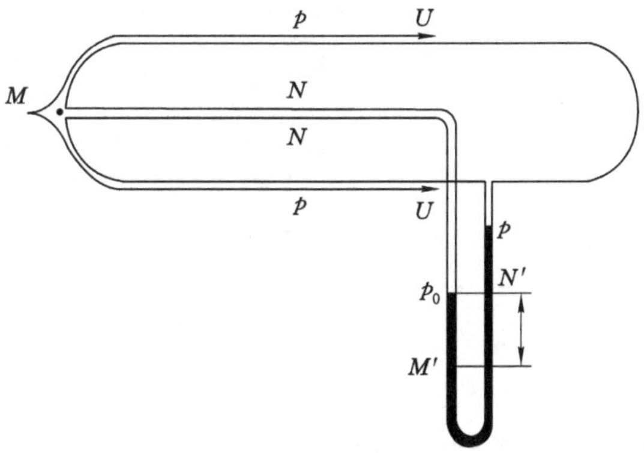

图 3-6　毕托管

形状、总压孔的大小、探头与立杆的连接方式等，这些都会影响毕托管的测量结果。

毕托管有多种形式，测量原理都是相同的。毕托管是一个弯成 90°的同心管，主要由感测头、管身及总压和动压引出管组成。感测头端部呈锥形、圆形或椭圆形，总压孔位于感测头端部，与内管连通用来测量总压。在外管表面靠近感测头端部的适当位置有一圈小孔，称为静压孔，用来测量静压。毕托管的总压孔和静压孔不在同一点上，甚至不在流道的同一界面上，所以得到的读数有可能不能准确地反映气流速率的大小，而应加以修正。

3.2.2　测压管测量流速方向

速度是矢量，不仅有大小，而且有方向。流速方向测量可以分为平面气流和三维空间气流的测量。下面主要介绍平面气流的测量。平面气流的测量包括气流方向和气流速率的测量。气流速率的测量依据是不可压缩流体对某些规则形状物体的绕流规律；气流方向是通过测量气流在不同方向的变化得到的，可以通过在测压管得到不同方向的压力来反映流速的变化。

为了准确测出气流的方向，可用方向管或复合管测量气流方向的变化。对方向管或复合管的要求是对气流的变化越敏感越好，这恰恰与总压管、静压管测量压力时的要求相反。一般采用修正方向特性、总压特性和速度特性的方法修正流体的运动方向。

下面以三孔测压管为例说明流速方向的测量原理。如图 3-7 所示，由三个孔的圆心组成一个三角形，两侧孔为方向孔，中间孔为总压孔，总压孔的圆心在方向孔与总压孔的角平分线上，把三孔测压管垂直插入均匀平行的气流中，三个孔都迎着气流方向，调整方向孔 1 和方向孔 3 的压力，当两孔的压力相等时，在三个孔决定的平面内，过测压管截面的圆心与气流方向平行的方向就是测压管的气动线，即所测气流的方向。

3.2.3　热线风速仪

热线风速仪可以用来测量脉动气流的速度，其探头尺寸小、响应速度快，是一种将流速信号转变为电信号的测速仪器。

热线风速仪以热丝（大都用钨丝、铂丝制成）或热膜（常用铂丝、铬丝制成）为探头并将其直接暴露在被测气流中，接入平衡电桥作为一个桥臂，然后用电流供给热丝进行加热，热丝在气流中的散热量导致热丝温度变化，进而引起热丝电阻变化，这样就把流速信号转变成电

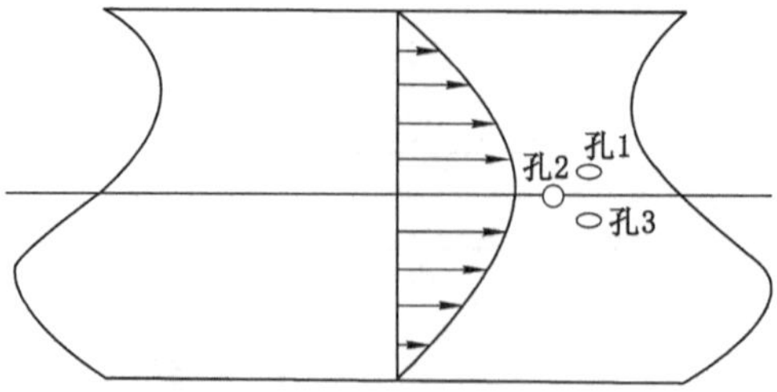

图 3-7　三孔测压管测量原理

信号，通过测量电信号即达到测量气体流速的目的。

如果流过热丝的电流为 I，热丝电阻为 R，则热丝产生的热量 Q_1 为：

$$Q_1 = I^2 R \tag{3-20}$$

当热丝探头置于流场中时，流体对热丝有冷却作用，若忽略热丝的导热损失和辐射损失，则可以认为热线是在对流换热状态下工作的。根据牛顿冷却定律，热丝损失的热量 Q_2 为：

$$Q_2 = hF(t_w - t_f) \tag{3-21}$$

式中，h 为热丝的表面传热系数；F 为热丝的换热面积；t_w 为热丝的温度；t_f 为流体的温度。

在热平衡条件下，有 $Q_1 = Q_2$，因此可写出热丝的能量守恒方程，即

$$I^2 R = hF(t_w - t_f) \tag{3-22}$$

考虑到热丝电阻 R 是温度的函数，对于一定的热丝探头和流体，h 主要与流体的运动速度有关。因此，在 t_f 一定的条件下，流体的速度 v 只是电流和热丝温度的函数，即

$$v = f(I, t_w) \tag{3-23}$$

由上式可知，只要固定 I 和 t_w 两个参数中的任何一个，都可以获得流速 v 与另一个参数的单值函数关系。若电流 I 固定，则 $v = f(t_w)$，可根据热丝温度 t_w 来测量流速 v，此为热线风速仪的恒流工作方式；若保持热丝温度 t_w 为定值，则 $v = f(I)$，可根据流经热丝的电流 I 来测量流速，此为热线风速仪的恒温工作方式或恒电阻工作方式，如图 3-9 所示。无论采用哪种工作方式，都需要对流体实际温度 t_f 与偏离热线标定时的流体温度 t_0 进行修正，这种修正可通过适当的温度补偿电路自动实现。

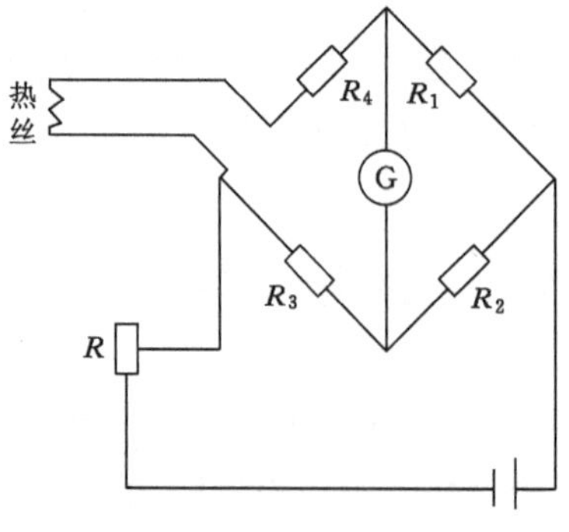

图 3-8　热线风速仪测量电路示意图

3.3 流量的测量

在工业生产中，流量是非常重要的参数，流量测量是实现自动化检测和控制的重要环节。随着科学技术的发展，人们对流量测量的要求越来越高。流量是一个动态量，其测量过程与流体的流动状态、物理性质、工作条件及流量计前后直管段的长度等因素有关。因此，在选择流量的测量方法和仪表时，需要综合考虑上述因素的影响，只有这样才能达到理想的测量要求。

3.3.1 流量的定义及表示方法

流体在单位时间内通过流道某一截面的量称为流体的瞬时流量，简称流量。在一段时间内，如在时间 t_1 到 t_2 内，对瞬时流量积分得到 t_2-t_1 时间内流体流过的总量，称为累积流量。累积流量除以流通时间，就可得到平均流量。按计量流体数量方法的不同，流量可分为质量流量 q_m 和体积流量 q_v，二者满足以下关系式：

$$q_m=\rho q_v \tag{3-24}$$

式中，ρ 为被测流体的密度。

在国际单位制中，q_m 的单位为 kg/s，q_v 的单位为 m^3/s。因流体的密度 ρ 随流体状态参数的变化而变化，故在给出体积流量的同时，需要指明流体所处的状态，特别是对于气体，其密度随压力、温度的变化比较显著，为了便于比较，常把工作状态下的体积流量换算成标准状态下（温度为 20 ℃，绝对压力为 101 325 Pa）的体积流量，用 q_{VIN} 表示。

3.3.2 流量的测量方法

流体流动的动力学参数，如流速、动量等都直接与流量有关，因此这些参数造成的各种物理效应，均可作为流量测量的物理基础。流量的测量方法按工作原理的不同，一般分为容积法、速度法和质量流量法 3 种。

（1）容积法

利用容积法制成的流量计相当于一个具有标准容积的容器，它可连续不断地对流体进行度量，在单位时间内，度量的次数越多，流量越大，这种测量方法受流动状态的影响较小，因而适于测量高黏度、低雷诺数的流体，但不宜用于测量高温高压以及脏污介质的流体。椭圆齿轮流量计、腰轮流量计、刮板流量计的测量方法都属于容积法。

（2）速度法

根据流体的连续性方程可知，由于体积流量等于截面上的平均流速与截面面积的乘积，如果再给出流体的密度，便可得到质量流量。在采用速度法测量的流量计中，节流式流量计历史悠久，技术最为成熟，是目前工业生产和科学实验中应用最为广泛的一种流量计。此外，采用速度法测量流量的流量计还有涡轮流量计、电磁流量计等，

（3）质量流量法

无论是容积法，还是速度法，都必须给出流体的密度才能得到质量流量，而流体的密度受流体的状态参数影响，这就不可避免地给质量流量的测量带来了误差。解决这个问题的

一种方法是，同时测量流体的体积流量和密度或根据测量得到的流体压力、温度等状态参数对流体密度的变化进行补偿。当然，理想的方法是直接通过测量得到流体的质量流量，这种方法的物理基础是测量与流体质量流量有关的物理量(如动量、动量矩等)。该方法与流体的成分和参数无关，具有明显的优越性，但目前采用这种方法测量流量的流量计结构都比较复杂，价格昂贵，因而限制了它的应用。

综上所述，无论哪一种测量方法，都有一定的适用范围，对流体的特性和管道条件都有特定的要求。目前，采用容积法和速度法测量流量的流量计，都要求满足：① 流体必须充满管道内部，并连续流动。② 流体在物理学和热力学上是单相的，流经测量元件时不发生相变。③ 流体的速度一般在声速以下。

3.3.3 节流式差压流量计

差压式流量计是根据安装在管道中的流量检测元件所产生的压差 Δp 来测量流量的仪表，其可用来测量液体、气体或蒸气的流量，应用非常广泛。

差压式流量计中使用最为广泛的就是节流式差压流量计。节流式差压流量计的节流装置按其标准化程度，可以分为标准型和非标准型两大类。所谓标准型节流装置是指按照标准文件进行节流装置的设计、制造、安装和使用，无须实际流体校准和单独标定即可确定输出信号(压差)与流量的关系，并估算出测量误差的节流装置。标准型节流装置由于具有结构简单并已标准化、使用寿命长和适用范围广的优点，故在流量测量仪表中占据重要地位。非标准型节流装置是指成熟程度较低、尚未标准化的节流装置。

(1) 节流装置测量原理及流量方程

现以不可压缩流体流经孔板为例，分析流体流经元件时的压力及速度变化情况，如图 3-9 所示。在充满流体的管道中放置一个固定的、有孔的局部阻力件(节流元件)，以形成流束的局部收缩。对一定结构的节流元件，其前后的静压差与流量呈一定的函数关系。

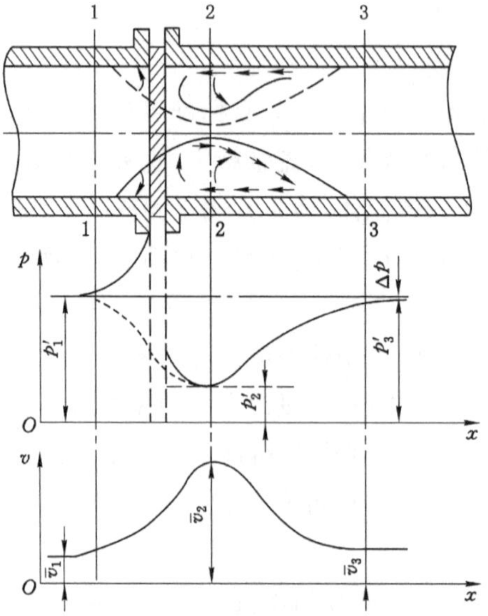

图 3-9 孔板附近压力分布

截面 1—1 位于节流元件上游，该截面处流体未受节流元件的影响，其静压力为 p'_1，平均流速为 $\bar{v}_1$，流束截面的直径(管内径)为 D，流体的密度为 ρ_1。

截面 2—2 为流束的最小截面，它位于标准孔板出口的下游，对于标准喷嘴和文丘里管，则位于喉管内。此处流体的静压力最低为 p'_2，平均流速最大为 $\bar{v}_2$，流体的密度为 ρ_2，流束直径为 d'。对于孔径为 d 的标准孔板，$d'<d$；对于标准喷嘴和文丘里管，$d'=d$。

在节流元件前，流体向中心加速，至截面 2—2 处流束截面收缩到最小，流动速度最大，静压力最低，然后流束扩张，流动速度下降，静压力有所升高，直至在截面 3—3 处流束又充满管道。涡流区的产生，致使流体能量损失，故在截面 3—3 处静压力 p'_3 不等于 p'_1，而产生了压力损失 Δp。

设管道水平放置，则管道入口和出口的几何高度相等；对不可压缩流体，有 $\rho_1=\rho_2=\rho$；将能量损失记为 $S_w=\xi\dfrac{\bar{v}_2^2}{2}$，则对于截面 1—1 和 2—2，根据伯努利方程可得：

$$\frac{p'_1}{\rho}+\frac{c_1\bar{v}_1^2}{2}=\frac{p'_2}{\rho}+\frac{c_2\bar{v}_2^2}{2}+\xi\frac{\bar{v}_2^2}{2} \tag{3-25}$$

式中，c_1、c_2 分别为管道截面 1—1、2—2 处的动能修正系数；ξ 为阻力系数。

经流体连续性方程引入节流装置的重要参数 $\beta=d/D$，引入流速的收缩系数 μ 和压力修正系数 ψ。记静压力差 $\Delta p=p_1-p_2$，设节流元件的开孔面积 $A_0=\dfrac{\pi}{4}d^2$，并定义流量系数 α_0 为：

$$\alpha_0=\frac{\mu\sqrt{\psi}}{\sqrt{c_2+\xi-c_1\mu^2\beta^4}} \tag{3-26}$$

由此可得流体的体积流量为：

$$q_v=\alpha_0A_0\sqrt{\frac{2}{\rho}\Delta p} \tag{3-27}$$

目前国际上多用流出系数 c 来代替流量系数 α_0，流出系数 c 定义为实际流量值与理论流量值的比值。所谓理论流量值，是指在理想工作条件下的流量值。

用流出系数 c 表示的体积流量公式为：

$$q_v=\frac{c}{\sqrt{1-\beta^4}}A_0\sqrt{\frac{2}{\rho}\Delta p} \tag{3-28}$$

用流出系数 c 表示的质量流量公式为：

$$q_m=\frac{c}{\sqrt{1-\beta^4}}A_0\sqrt{\frac{2}{\rho}\Delta p} \tag{3-29}$$

3.3.4　速度式流量计

速度式流量计是通过测量管道内流体流动速度来测量流量的。为了保证测量精度，对管道内流体的速度分布有一定的要求，即速度式流量计前后必须有足够长的直管段或加装整流器。速度式流量计种类很多，本节主要介绍涡轮流量计、电磁流量计和靶式流量计。涡轮流量计在石油计量中应用广泛，并且发展前景良好。电磁流量计因具有可测量脏污、腐蚀性介质及悬浊性液固两相流体的流量等独特优点而得到越来越多的应用。靶式流量计应用于工业流量的测量，主要用于高黏度、低雷诺数流体的流量测量。

3.3.4.1　涡轮流量计

涡轮流量计是基于流体动量矩守恒原理工作的。如图 3-10 所示，被测流体经导直后沿平行于管道轴线的方向以平均速度 v 冲击叶片，使涡轮转动，在一定范围内，涡轮的流速与流体的平均流速成正比，通过磁电转换装置将涡轮转速变成电脉冲信号，经放大后送给显示记录仪表，就可以推导出被测流体的瞬时流量和累积流量。

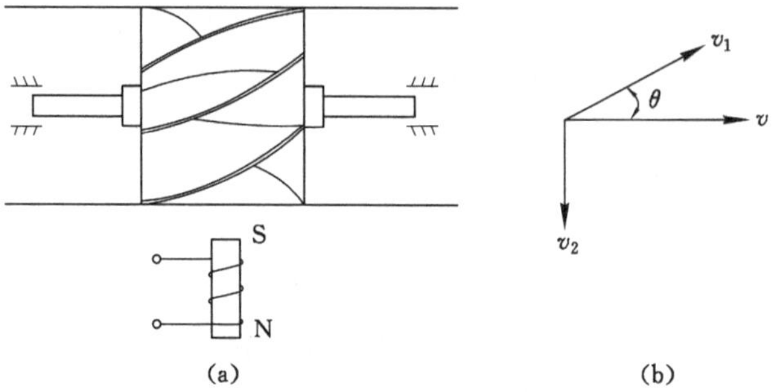

图 3-10　涡轮流量计示意图

涡轮叶片与流体流向成 90°角，流体的平均速度 v 与叶片的相对速度 v_1 和切向速度 v_2 的关系如图 3-10(b)所示，则切向速度为：

$$v_2 = v\tan\theta \tag{3-30}$$

式中，θ 为流体流向与涡轮叶片的夹角。

当涡轮稳定旋转时，叶片的切向速度为：

$$v_2 = 2\pi Rn \tag{3-31}$$

式中，n 为涡轮的转速；R 为涡轮叶片的平均半径。

磁电转换器所产生的脉冲频率为：

$$f = nZ \tag{3-32}$$

式中，Z 为涡轮叶片的数目。

联立式(3-29)和式(3-31)可得到涡轮流量计的体积流量公式，即

$$q_v = vA = \frac{2\pi RA}{Z\tan\theta} = \frac{1}{\xi}f \tag{3-33}$$

式中，A 为涡轮形成的流通截面积，单位为 m^2；ξ 为涡轮流量计的流量系数，$\xi = \dfrac{Z\tan\theta}{z\pi RA}$。

3.3.4.2　转子流量计

在工业生产中经常会遇到小流量的测量，因流体的流速低，因此只有测量仪表具有较高的灵敏度，才能保证一定的精度。转子流量计解决了这一问题。转子流量计具有结构简单、使用方便、价格便宜、量程大、刻度均匀、直观性好等特点，可测量各种液体和气体的体积流量，并将所测得的流量信号就地显示或变成标准电信号或气信号远距离传送。

转子流量计的工作原理如图 3-11 所示，它主要由转子(浮子)、锥形管及支撑连接部分组成。工作时，被测流体(气体或液体)由锥形管下部进入，沿着锥形管向上运动，流过转子与锥形管之间的环隙，再从锥形管上部流出。

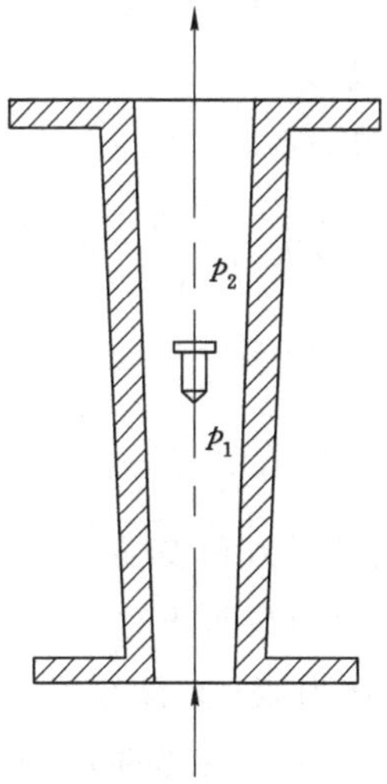

图 3-11　转子流量计示意图

转子受到 3 个力的作用，即重力、流体对转子的浮力和转子所受的压差力。其中，压差力指转子下面流体推动转子的压力和转子上方空气向下对转子的压力之差。当转子稳定在某一高度 h，即处于平衡状态时，转子所受的向上作用力与转子所受的向下作用力相等。向上的作用力包括转子的浮力和由于转子的节流作用而产生的压差 Δp，即作用在转子最大横截面上产生的压差力；向下的作用力是转子的重力。

当忽略流体对转子的摩擦力，且转子平衡时，有：

$$\rho_f V_f g = \rho V_f g + \Delta p A_f \tag{3-34}$$

式中，ρ_f 为转子的材料密度，单位为 kg/m^3；V_f 为转子的体积，单位为 m^3；g 为重力加速度，单位为 m/s^2；Δp 为转子上的压差，$\Delta p = p_1 - p_2$，单位为 Pa；A_f 为转子的最大横截面积，单位为 m^2。

将式(3-34)变换为：

$$\Delta p = \frac{1}{A_f} V_f g (\rho_f - \rho)$$

由伯努利方程可以推导出流体流过节流元件前后所产生的压差与体积流量之间的关系式，即

$$q_v = \alpha A_0 \sqrt{2 \frac{\Delta p}{\rho}} \tag{3-35}$$

式中，α 为流量系数，与转子的形状、尺寸有关；A_0 为转子与锥形管壁之间环形通道的面积。

联立式(3-33)和式(3-34)可得到体积流量 q_v，即

$$q_v = \alpha A_0 \sqrt{\frac{2gv_t}{A_f}} \sqrt{\frac{\rho_f - \rho}{\rho}} \tag{3-36}$$

由于锥形管的锥角 φ 较小，所以 A_0 与转子在锥形管中的高度 h 近似呈正比例关系，即

$$A_0 = Ch \tag{3-37}$$

式中，C 为与锥形管锥度有关的比例系数。

由此得到体积流量与转子高度的关系式，即：

$$q_v = \alpha Ch \sqrt{\frac{2gv_t}{A_f}} \sqrt{\frac{\rho_f - \rho}{\rho}} \tag{3-38}$$

思考题与习题

3-1　试述压力的定义。何谓绝对压力和表压力？

3-2　判断下述几种测压仪表中哪种在测压时示值不受重力加速度的影响：① U 形管、单管、斜管液体压力计；② 弹簧管式压力表；③ 波纹管式压力计。

3-3　影响液柱压力计测量准确度和灵敏度的主要因素有哪些？

3-4　采用测压管测量速度方向的测量原理是什么？测压管测得的是一点的速度方向还是流场的速度方向？

3-5　热线风速仪的工作原理是什么？

3-6　流量测量分为几种方式？

3-7　节流式差压流量计中节流元件的工作原理是什么？

4 传热学实体实验指导

4.1 准稳态平板导热系数测定实验

准稳态平板导热系数测定实验

准稳态平板导热系数测定实验是一种重要的热物性测试实验，用于评估材料的导热性能。该实验通过测量上下平板的温度及样品厚度、面积等计算被测材料的导热系数，内容包括安全学习、仪器准备、实验操作、数据处理和提交实验报告，注意事项包括保持恒定的环境温度、确保样品平整和清洁、避免不必要的操作和合理的误差分析。该实验对于评估被测材料性能和指导传热测量设计具有重要意义，同时也培养了实验技能和数据分析能力。

4.1.1 实验目的

本实验旨在通过准稳态法测量材料的导热系数，了解材料的热传导性能，为后续的材料选择和热设计提供依据。具体实验目的如下：

(1) 巩固和深化对非稳态导热理论的理解，更加直观地认识非稳态导热过程中温度的变化。

(2) 学习用常功率平面热源法同时测定绝热材料的导热系数和热扩散率的实验方法和技能。

(3) 掌握获得非稳态温度场的方法。

(4) 加深理解导热系数和热扩散率对温度场的影响。

4.1.2 实验装置及原理

4.1.2.1 实验装置

本实验使用的装置如图 4-1 所示，主要包括加热部分、测温部分和数据记录部分。其中，加热部分采用加热片作为热源，通过调节加热温度对材料进行加热；测温部分使用热电偶测量材料上、下表面的温度。如图 4-2 所示，在试材Ⅰ的上、下表面中间分别装有铜-康铜热电偶 2 和热电偶 1，用来测试试材Ⅰ上、下表面的温度 t_2 和 t_1；热电偶 3 和热电偶 4 则分别用来测试试材Ⅱ的上表面温度 t_3 和试材Ⅲ的下表面温度 t_4。数据记录部分用于记录加热时间、温度数据等。

实验材料选用固体材料，如金属块或塑料块等。在实验前，需要对材料进行清洁处理，确保表面无杂质，以保证测量结果的准确性。试材Ⅰ、Ⅱ、Ⅲ的材料相同，其厚度分别为 x、δ 和 $x+\delta$。试材Ⅰ的长度、宽度是其厚度的 8～10 倍。试材Ⅰ和试材Ⅲ之间放置一个均匀的平面加热片，该加热片用直流稳压电源供电。

4.1.2.2 实验原理

准稳态法是一种测量材料导热系数的常用方法。其原理基于热传导定律，即在准稳态

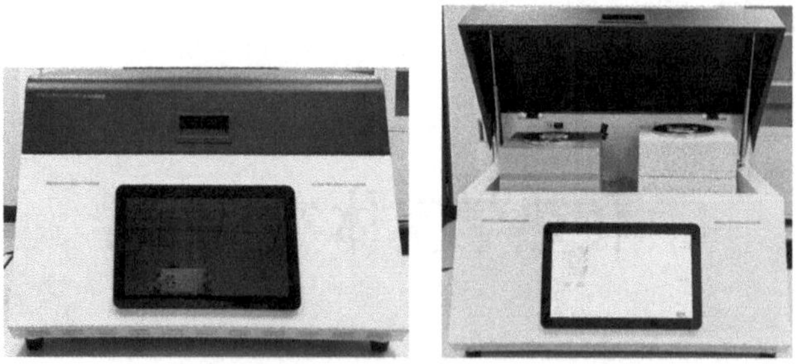

(a)　　(b)

图 4-1　准稳态平板导热系数测定实验装置

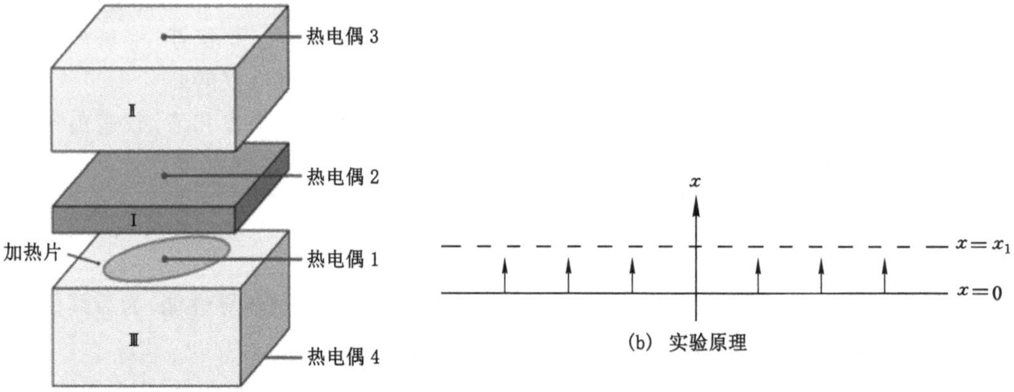

(a) 加热部分和测温部分　　(b) 实验原理

图 4-2　实验装置加热部分和测温部分及实验原理

条件下，通过测量材料上、下表面的温度以及热传导时间，从而计算出材料的导热系数。准稳态指的是材料在加热过程中，当内部温度分布达到相对稳定的状态时，材料上、下表面的温差保持不变。

由于采用对称加热面方法，所以平面热源的加热功率实际上为总加热功率的一半。单侧热流密度 q_0 为：

$$q_0=\frac{U^2}{2RF} \tag{4-1}$$

式中　U——加热电压，V；

　　R——加热片电阻，Ω；

　　F——加热片面积，m^2。

根据非稳态导热过程的基本理论，在初始温度 t_0 分布均匀的半无限大的物体中，从 $\tau=0$ 起，半无限大的物体表面（图 4-2 中 $x=0$ 的平面）受均匀分布的平面热源的作用，在常物性条件下，距离表面 x 处的温升 $\theta_{x,\tau}=t_{x,\tau}-t_0$ 为：

$$\theta_{x,\tau}=2\frac{q_0}{\lambda}\sqrt{a\tau}\,\mathrm{ierfc}\left(\frac{x}{2\sqrt{a\tau}}\right) \tag{4-2}$$

式中，λ 为试材导热系数；a 为试材热扩散率；τ 为时间。

在式(4-2)中，令 $\zeta=\frac{x}{2\sqrt{a\tau}}$，则 ierfc$\zeta$ 代表变量 ζ 的高斯误差补函数的一次积分，见表 4-1。

表 4-1 高斯误差补函数的一次积分

x	ierfc(x)	x	ierfc(x)	x	ierfc(x)	x	ierfc(x)	x	ierfc(x)
0.00	0.564 2	0.18	0.402 4	0.36	0.275 8	0.58	0.164 0	0.94	0.060 5
0.01	0.554 2	0.19	0.394 4	0.37	0.272 2	0.60	0.155 9	0.96	0.056 9
0.02	0.544 4	0.20	0.386 6	0.38	0.263 7	0.62	0.148 2	0.98	0.053 5
0.03	0.533 0	0.21	0.378 9	0.39	0.257 9	0.64	0.140 7	1.00	0.050 3
0.04	0.525 1	0.22	0.371 3	0.40	0.252 1	0.66	0.133 5	1.10	0.036 5
0.05	0.515 6	0.23	0.363 8	0.41	0.246 5	0.68	0.126 7	1.20	0.026 0
0.06	0.506 2	0.24	0.354 6	0.42	0.240 9	0.70	0.120 1	1.30	0.018 3
0.07	0.496 9	0.25	0.349 1	0.43	0.235 4	0.72	0.113 8	1.40	0.012 7
0.08	0.487 9	0.26	0.341 9	0.44	0.230 0	0.74	0.107 7	1.50	0.008 6
0.09	0.478 7	0.27	0.334 8	0.45	0.224 7	0.76	0.102 0	1.60	0.005 8
0.10	0.469 8	0.28	0.327 8	0.46	0.219 5	0.78	0.096 5	1.70	0.003 8
0.11	0.461 0	0.29	0.321 0	0.47	0.214 4	0.80	0.091 2	1.80	0.002 5
0.12	0.452 3	0.30	0.314 2	0.48	0.209 4	0.82	0.086 1	1.90	0.001 6
0.13	0.443 7	0.31	0.307 5	0.49	0.204 5	0.84	0.081 3	2.00	0.001 0
0.14	0.435 2	0.32	0.301 0	0.50	0.199 6	0.86	0.076 7		
0.15	0.426 8	0.33	0.294 5	0.52	0.190 2	0.88	0.072 4		
0.16	0.418 6	0.34	0.288 2	0.54	0.181 1	0.90	0.068 2		
0.17	0.410 4	0.35	0.281 9	0.56	0.172 4	0.92	0.064 2		

当 $\tau>0$，且 $x=0$ 时：

$$\mathrm{ierfc}\left(\frac{x}{2\sqrt{a\tau}}\right)=\mathrm{ierfc}(0)=\frac{1}{\sqrt{\pi}} \tag{4-3}$$

由式(4-2)可知：

$$\theta_{0,\tau}=\frac{2q_0}{\lambda}\sqrt{a\tau}\,\frac{1}{\sqrt{\pi}} \tag{4-4}$$

如果分别测定 τ_i 时刻 $x=0$ 处与 τ_j 时刻 $x=x_1$ 处的温升，那么根据式(4-2)和式(4-4)可得出：

$$\frac{\theta_{x_1,\tau_j}}{\theta_{x_0,\tau_i}}\sqrt{\frac{\tau_i}{\tau_j}}=\sqrt{\pi}\,\mathrm{ierfc}\left(\frac{x_1}{2\sqrt{a\tau_j}}\right) \tag{4-5}$$

令 $\varphi=\frac{\theta_{x_1,\tau_j}}{\theta_{x_0,\tau_i}}\sqrt{\frac{\tau_i}{\tau_j}}$，于是可以求出：

$$\mathrm{ierfc}\left(\frac{x_1}{2\sqrt{a\tau_j}}\right)=\varphi \tag{4-6}$$

根据表 4-1 可确定自变量，即

$$\zeta_{x_1}=\frac{x_1}{2\sqrt{a\tau_j}} \tag{4-7}$$

根据相应于该测试温度范围 $t_{0,\tau_i}\sim t_{x_1,\tau_j}$ 的平均温度 $t=\frac{1}{2}(t_{0,\tau_i}+t_{x_1,\tau_j})$，计算得到的热扩散率 a 为：

$$a=\frac{x_1^2}{4\zeta_{x_1}^2\tau_j} \tag{4-8}$$

将 a 的值代入式(4-4)，可求出试材的导热系数 λ，即

$$\lambda=\frac{2q_0}{\theta_{0,\tau_i}}\sqrt{a\tau_i}\,\frac{1}{\sqrt{\pi}} \tag{4-9}$$

4.1.3 实验方法和步骤

(1) 测出试材Ⅰ的厚度。

(2) 安装热电偶及试材，将待测材料(试材Ⅰ)放置在实验装置中，确保其上下表面与加热部分和测温部分接触良好。热电偶 1 与加热片集成于试材Ⅰ下表面的中间位置，热电偶 2 贴在试材Ⅰ的上表面中间位置，热电偶 3 和 4 分别贴在试材Ⅱ上表面和试材Ⅲ下表面的中间位置。组装好试材，关闭试材罩。

(3) 仔细检查各连接线路和热电偶测量线路。

(4) 设定电热管片的加热电压，并开启加热源对材料加热，记录加热片参数以便计算平面热源功率。记录 t_2 测点距热源的距离 x_1，记录初始时刻的 t_1、t_2、t_3、t_4。

(5) 通过触摸屏左下按钮选择左侧试材和试样名称，设置加热电压、试样厚度，确认无误后点击“开始实验”(电压设置推荐 2～10 V，开始实验后不能再改变电压设定)；实验操作界面如图 4-3 所示。部分试样推荐电压见表 4-2。

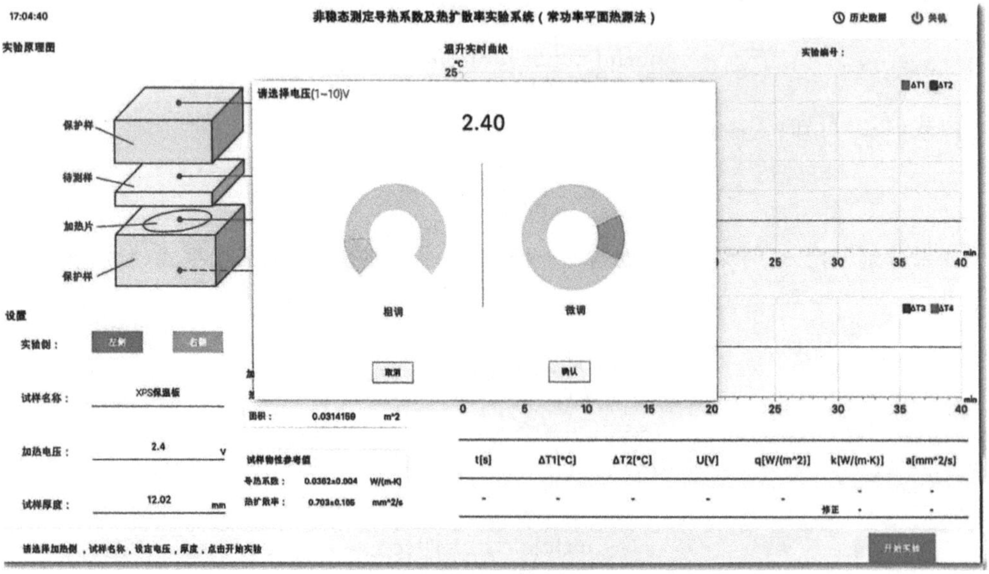

图 4-3　实验操作界面

表 4-2 部分试样性质与建议加热电压

试样名称	导热系数估值 /[W/(m·K)]	热扩散率估值 /(mm^2/s)	试样厚度 /mm	推荐加热电压 /V	推荐时间数据区间 /s
XPS 保温板	0.038	0.74	12.02	2.4	500～900
加气砖	0.300	0.26	13.00	8.0	1 800～2 400

(6) 加热过程中监测试材顶端和底端测点温度 t_3、t_4 是否发生变化，如果不发生变化，则满足半无限大物体导热的规律，每隔 1～2 min 记录一组 4 个温度值 t_1、t_2、t_3、t_4，共记录 10 组。若 t_3、t_4 有明显温升，则证明导热过程已穿透试材Ⅱ、Ⅲ，继续测试的数据无效；当测试满足系统预设条件后，测试自动终止，也可通过点击“结束实验”手动停止测试。

(7) 实验结束后，点击右下角“浏览数据”，进入实验数据浏览界面，将 U 盘插入数据接口，点击对应实验数据进行选择，然后点击屏幕右上角“批量下载”进入下载界面，按界面要求进行下载。选择实验数据时可以通过数据列表右侧“查看”按钮进入原始数据界面，并单独下载该次实验的数据。

(8) 关闭加热源，停止加热，并等待材料自然冷却至室温。

4.1.4 实验数据处理和分析

(1) 绘制实验装置系统简图。

(2) 根据实验过程中计算机采集的原始数据，计算从 300 s 到实验结束(间隔 30 s)的导热系数 λ 和热扩散率 a。

(3) 记录实验结果并绘制相关曲线：将实验数据记录在表 4-3 中，根据相关数据分别绘制热源温度 t_1 和距热源 x_1 处温度 t_2 随时间 τ 的变化曲线；导热系数 λ 随时间 τ 的变化曲线；热扩散率 a 随时间 τ 的变化曲线，并结合物性和导热机理对上述变化规律进行分析。

表 4-3 实验数据记录

试件名称：__________； 试件厚度：__________ mm； 试件质量：__________ g；

加热电流：__________ A； 加热电压：__________ V； 试件面积：__________ mm^2；

热流密度：__________ W/m^2； t_2 测点距热源距离 x_1：__________ mm。

时间/min	t_1	t_2	t_3	t_4
2				
4				
6				
8				
10				
11				
12				
13				
14				
15				

(4) 根据半无限大物体非稳态导热理论解，结合实验条件(x_1、q_0、τ 等参数均取本次实验值)，作图分析 λ 和 a 对非稳态导热过程的影响：固定 λ，改变 a(a 取不同的量级)，研究 a 对 t_2 随时间 τ 变化的关系曲线的影响；固定 a，改变 λ(λ 取不同的量级)，研究 λ 对 t_2 随时间 τ 变化的关系曲线的影响。

通过对实验数据的处理和分析，可以得到材料的导热系数，还可以开展不同材料的实验及比较不同材料的导热系数，了解它们之间的热传导性能差异。

4.1.5　实验注意事项

(1) 预习实验指导书，弄懂实验原理和实验方法。

(2) 细心装配试材、电加热器和热电偶，避免损坏。

(3) 根据实验数据，绘出温度变化曲线，计算试件的导热系数、比热容和导温系数。

(4) 试材温度不宜超过 60 ℃。

(5) 实验完成后及时关机断电，避免加热器长时间工作。

(6) 实验不能补做，需合理安排好实验时间。

4.1.6　影响测量结果的原因

经过实验测量和数据处理可得到待测材料的导热系数。通过与标准值或其他材料的导热系数比较可分析误差产生的原因，并探讨如何提高实验的准确性和可靠性。测量结果的主要影响因素见表 4-4。

表 4-4　主要影响因素

序号	影响因素	解决方法
1	样品在实验室环境下放置时间不够，样品内部温度场没有与环境达到平衡	收到样品后，在实验室放置 12～24 h，使得样品内部温度场稳定后再进行测试
2	测试样品后，短时间内再次测试，样品内部温度场没有与环境达到平衡	一次测量后，等待 3～6 h，直至 t_1、t_2 恢复至室温，再进行测试
3	厚度测量不准确或样品厚度不均匀	测量多个位置的厚度，取平均值，或重新制样
4	样品表面不平整，或有明显弯曲，使得各样品间不能充分接触	对样品表面进行处理，避免产生间隙
5	测试时间过长，温度响应已穿透保护样品	缩短测量时间或减小测试厚度并增大保护样品厚度
6	加热电压过小时，温升很小，或加热电压过大时，温升超过 10 ℃	选择合适的电压
7	测温片放置位置偏离中心，造成温度测量偏差	将测温片放置在中心位置，可用胶带辅助固定

4.2　管外对流换热系数测定实验

管外对流换热系数测定实验

管外对流换热系数是表征对流换热过程强弱的指标，用于描述流体与固体表面之间的换热能力。它表示在单位传热面积上，当流体与壁面间的温差为 1 K 时，单位时间内以对流传热方式传递的热量。管外对流换热系数在工程中有广泛的应用，例如在换热器设计、冷却系统、空调系统等领域中，通过对流换热系数的计算和优化，可以提高系统的换热效率和性能。

管外对流换热系数的影响因素众多，包括：流体的物性、流动状态、温度、管束中管子的布置结构、冲刷方式等。管外对流换热系数的计算方法通常包括以下几种：① 实验测定，即通过实验测量实际条件下的换热系数；② 经验值选取，即根据经验和文献数据选取合适的对流换热系数；③ 关联式计算，即通过数学模型和关联式计算对流换热系数，此种方法适用于特定条件的计算。本节主要介绍管外对流换热系数测定实验。

4.2.1　实验目的

管外对流换热系数实验的主要目的是测定空气外掠圆管表面的对流换热系数，并将数据整理成准则方程式。具体来说，实验目的包括以下几个方面：

（1）学习如何通过实验研究对流换热系数，掌握采用相似准则综合实验测量数据的方法。

（2）测定不同工况下空气横向流过单管表面时的平均换热系数，熟悉其对流换热特性。

（3）基于实验数据，利用相似理论得出适用于自然对流换热的准则方程式，为进一步的理论研究和工程应用提供依据。

（4）学习测量风速、温度、热量的基本技能。

4.2.2　实验装置

实验装置如图 4-4 所示，其主体由风源、实验段风道和热交换器模块组成。其中，风源由风机和风箱组成。改变风机频率，可以改变风道中空气的流速。

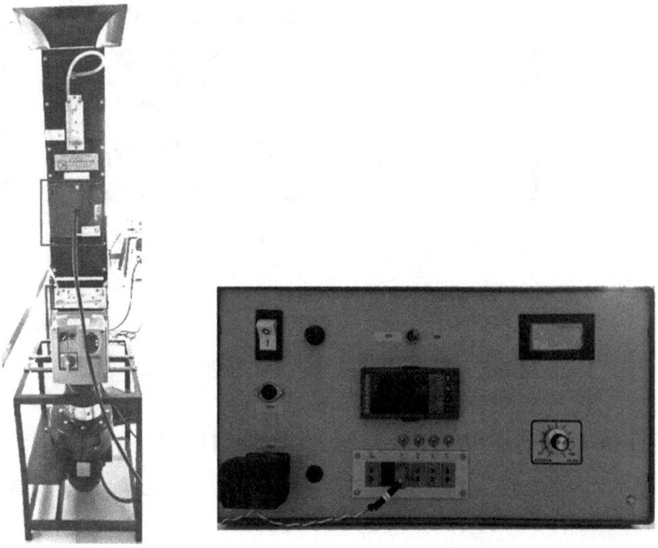

(a)　实验装置主体　　　　(b)　主控界面

图 4-4　管外对流传热系数测定实验装置

该实验设有多种不同热交换器模块，除了包括单根圆管之外，还包括平板、针板和翅片结构，如图 4-5 所示。不同的热交换器模块可用于研究强制对流和自然对流的过程，比较不同对流换热工况的差异。

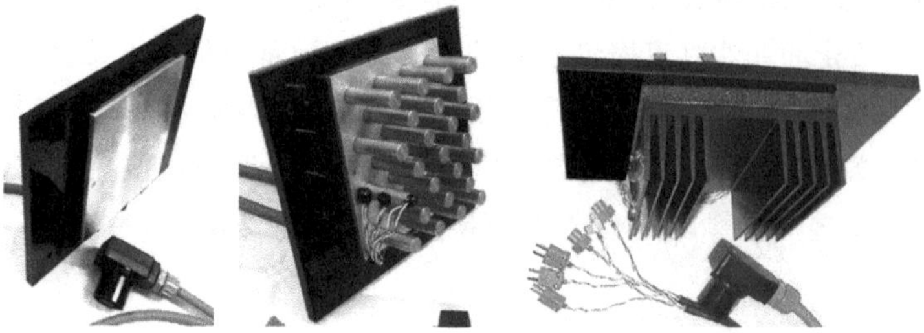

(a) 平板　　(b) 针板　　(c) 翅片

图 4-5　不同热交换器模块

该实验的测量系统主要包括电压表、电流表、热电阻、毕托管和压力传感器。实验的基本参数为：加热元件直径 $d=15.8$ mm；加热元件热表面长度 $l=50$ mm；加热元件热表面积 $A_s=2.482\times10^{-3}$ m^2；管道截面积 $A_d=9.75\times10^{-3}$ m^2；通过平管束的最小流通面积 $A_t=4.160\times10^{-3}$ m^2。

4.2.3　实验原理

不同热交换器模块对流换热的基本原理如图 4-6 所示。

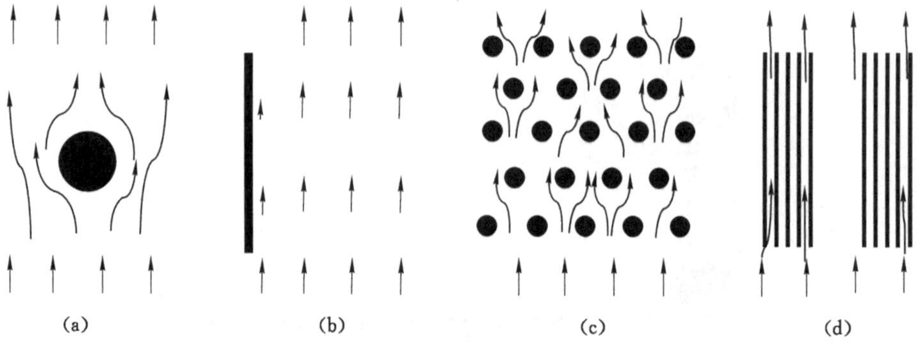

(a)　　(b)　　(c)　　(d)

图 4-6　不同热交换器模块对流换热原理

本实验以单根圆管外对流换热为研究对象。根据相似理论，流体受迫外掠物体时，换热系数与流体流速、物体几何参数、物体间的相对几何位置、流体物性参数等的关系可用下述准则方程式描述：

$$Nu = f(Re, Pr) \tag{4-10}$$

实验研究表明，流体横向流过单管表面时，一般可将上式整理成下列指数形式：

$$Nu_m = CRe_m^n Pr_m^m = \frac{\alpha d}{\lambda_m}, Re_m = \frac{\omega d}{\nu_m}, Pr_m = \frac{\nu_m}{\alpha_m} \tag{4-11}$$

式中 C、n、m——常数，通过实验确定；

Nu_m——努塞尔数；

Re_m——雷诺数；

Pr_m——普朗特数；

d——实验管外径，作为定性尺寸，m；

ω——流体流过实验管外最窄面处流速，m/s；

λ——流体导热系数，W/(m·℃)；

α——表面对流换热系数，W/(m^2·C)；

α_m——流体导温系数，m^2/s；

ν_m——流体运动黏度，m^2/s。

式(4-11)中带角码"m"的参数表示流体边界层的物性参数。流体边界层平均温度$t_m = \frac{1}{2}(t_w + t_f)$，并以此作为定性温度。

鉴于实验中流体为空气，其 $Pr_m = 0.7$，故准则式可简化成：

$$Nu_m = 0.7CRe_m^n \tag{4-12}$$

本实验的任务在于确定 C 与 n 的数值。首先调节空气流速为某一定值，然后测定电压 U、管壁温度 t_w、空气温度 t_f、微压计动压头 h 等数据。α 和 ω 在实验中无法直接测得，可通过计算求得，其他物性参数可在有关书中查得。测得一组数据后，可得一组 Nu、Re 值，然后改变空气流速，可得到另一组 Nu、Re 值，改变几次空气流速，就可得到一系列的实验数据。

4.2.4 实验数据的整理计算

4.2.4.1 壁面平均对流换热系数的计算

电加热器所产生的总热量 Q 以对流换热的方式传递。Q 的计算公式为：

$$Q = \frac{U^2}{R} \tag{4-13}$$

式中，U 为电加热器两端的电压；R 为电加热器的电阻。

根据牛顿冷却定律，管表面平均对流换热系数为：

$$\alpha = \frac{Q}{(t_w - t_f)F} \tag{4-14}$$

式中 t_w——管壁面的平均绝对温度，℃；

t_f——空气的平均温度，℃；

F——放热管外表面积，m^2。

4.2.4.2 空气流速的计算

(1) 空气流速采用下式计算：

$$u = 74.294\sqrt{\frac{t_a H}{p}} \tag{4-15}$$

式中 u——空气流速，m/s；

p——当地大气压力，Pa；

H——水柱高度，mm；

t_a——管道内空气温度，℃。

有效空气流速 u' 为：

$$u' = u \times \frac{A_d}{A_t} \tag{4-16}$$

式中 A_d——管道截面积，m^2；

A_t——通过平管束的最小流通面积，m^2。

(2) 采用毕托管在测速段截面中心点进行测量，如图 4-7 所示，由于实验风洞各测速段分布均匀，因此不必进行截面速度不均匀的修正。图中 p_1 为水平管进口处压力；p_2 为 U 形管垂直出口处压力。

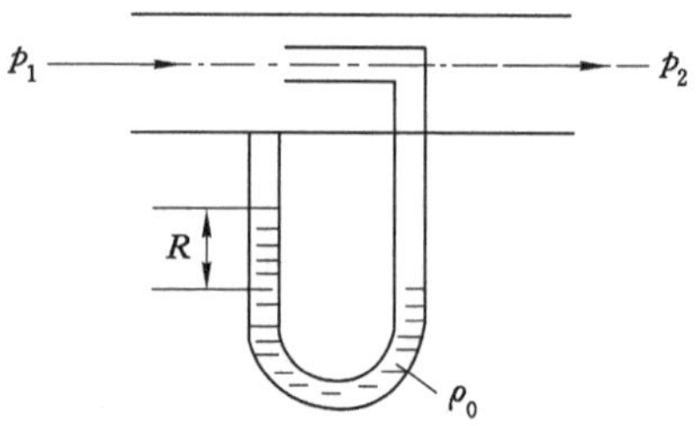

图 4-7 毕托管测速原理

若采用倾斜式微压计测量动压，测速截面处的流速为 $u_{测}$，则由伯努利方程可得：

$$\frac{p_1}{\gamma_{空}} + \frac{u_{测}^2}{2g} = \frac{p_2}{\gamma_{酒}} \tag{4-17}$$

由于 $p_2 - p_1 = (\gamma_{酒} - \gamma_{空})h$，且 $\gamma_{酒} = \rho_{酒}\ g$，$\gamma_{空} = \gamma_{空}\ g$，则上式可写成：

$$u_{测} = \sqrt{\frac{2g}{r_{空}}(p_2 - p_1)} = \sqrt{\frac{2g}{r_{空}}(r_{酒} - r_{空})h} = \sqrt{\frac{2gh(\rho_{酒} - \rho_{空})}{\rho_{空}}} \tag{4-18}$$

式中 $\rho_{酒}$——微压计酒精的密度，取 $0.81 \times 10^3\ kg/m^3$；

$\rho_{空}$——空气的密度，根据空气的平均温度，可在有关资料中查得；

h——空气的动压，用酒精液柱的高度差表示，m。

由上式计算所得的流速是测速截面处的流速，而准则方程式中的流速指流体流过实验管最窄截面处的流速，根据连续性方程可得：

$$u_{测}\ F_{测} = u_{试}(F_{试} - Ldn) \tag{4-19}$$

化简得到：

$$u_{试} = \frac{u_{测}\ F_{测}}{F_{试} - Ldn} \tag{4-20}$$

式中 $F_{测}$——测速处流道截面积，m^2；

$F_{试}$——放热实验管处流道截面积，m^2，$F_{试} = 250 \times 250\ m^2$；

L——实验管有效管长，取 250 mm；

d——实验管外径，mm；

n——实验管数，$n=1$；

$u_{试}$——试验管截面处流体流速，m/s。

(3) 确定准则方程式。

将数据代入得到准则数，即可在以 Nu_m 为纵坐标，以 Re_m 为横坐标的对数坐标图中得到一些实验点，然后用直线将它们连接起来，因此可得：

$$\lg Nu_m = \lg C + n\lg Re_m \tag{4-21}$$

式中 $\lg C$——直线的截距；

n——直线的斜率。

任取直线上的两点数据，则有：

$$n = \frac{\ln Nu_2 - \lg Nu_1}{\lg Re_2 - \lg Re_1} \tag{4-22}$$

$$C = \frac{Nu_m}{Re_m^n} \tag{4-23}$$

准则方程可表示为：$Nu_m = C \cdot Re_m^n$。

4.2.5 实验步骤

(1) 确保仪表控制台主开关处于关闭位置和风扇已关闭。

(2) 若单管板未就位，则拆下固定透明塑料管板的 4 个槽纹螺母，取下现有的管板并更换为单管板，重新固定并拧紧螺母。

(3) 将有源元件插入单管板的孔中，并将引线插入仪器控制台。

(4) 将压力计软管连接在管道压力攻丝和上压力计的左侧端口之间。注意：使用时，压力计上的字母应与管板匹配。

(5) 打开控制台上的主开关并调节风扇速度，以使通过管道的气流速度较低。

(6) 将电压开关切换到 70 V 并调节加热器控制，使指示的有源元件表面温度(T_1)约为 95 ℃。在低气流速度条件下，传热效率较低，建议以增量调节加热器控制，从而在每次调节之间留出时间以使系统稳定。

(7) 当系统稳定时，将 T_1、T_2、水柱高度和电压记录在表 4-5 中。

(8) 调节风扇速度，使指示的 H 增大到 10 mmH_2O，从而增大风道风速。

(9) 调节加热器控制，使其大致达到原始有源元件的表面温度。

(10) 当系统再次稳定时，记录 T_1、T_2、水柱高度和电压于表 4-5 中。

(11) 重复上述步骤，将风速提高到最大风扇速度。

4.2.6 实验报告要求

(1) 简述实验原理。

(2) 整理实验原始数据并进行数据计算与分析。

(3) 画出准则方程曲线。

（4）进行误差分析。

4.2.7 实验数据记录

表 4-5 实验数据记录

序号	1	2	3	4	5	6	7
电压/V							
加热管温度/℃							
空气温度/℃							
水柱高度/mm							

4.3 凝结传热实验

凝结传热实验

凝结传热是蒸汽在低于其饱和温度的壁面上凝结时的换热过程，是具有相变特点的两相流换热。蒸汽凝结时放出汽化潜热而凝成液体。凝结传热实验在科学研究和技术应用中具有重要意义，在工程实践中也有广泛应用。例如，在海水淡化技术中，凝结传热系数的测量对提高海水淡化的效率至关重要。通过研究水平管内的冷凝传热系数与流动阻力的关系，可以提高海水淡化设备的性能，推动海水淡化技术的进步。

凝结传热实验主要用于观察和研究膜状冷凝和珠状冷凝的形成过程和传热原理。

4.3.1 实验目的

凝结传热实验的主要目的是通过实验加深对蒸汽冷凝现象的理解，掌握冷凝换热器的工作原理和使用方法，并熟悉冷凝传热系数的测定方法，具体如下：

（1）观察珠状冷凝和膜状冷凝的形成过程及形态变化。

（2）计算冷凝传热系数，比较不同冷凝过程中冷凝传热系数的变化规律。

（3）研究冷凝传热系数与冷却水流量之间的关系，分析影响传热系数的因素。

（4）掌握仪表的使用方法，如实验中使用的压力表、温度传感器等。

4.3.2 实验装置

凝结传热设备的主要结构为透明的密封玻璃容器。其底部有电加热盘管，顶部有两个独立的特制冷凝器，可以为蒸汽提供一个近似等温的冷凝表面。其中，两个冷凝器的表面分别为光滑面和粗糙面，冷凝器表面均匀布设热电偶，可测量冷凝温度。冷凝器左侧光滑面易形成珠状冷凝，右侧粗糙面易形成膜状冷凝。

凝结传热实验装置主要包括蒸汽室、加热元件、冷凝器、抽气系统、温度计、流量计和压力表等，如图 4-8 所示。实验涉及的主要参数见表 4-6。

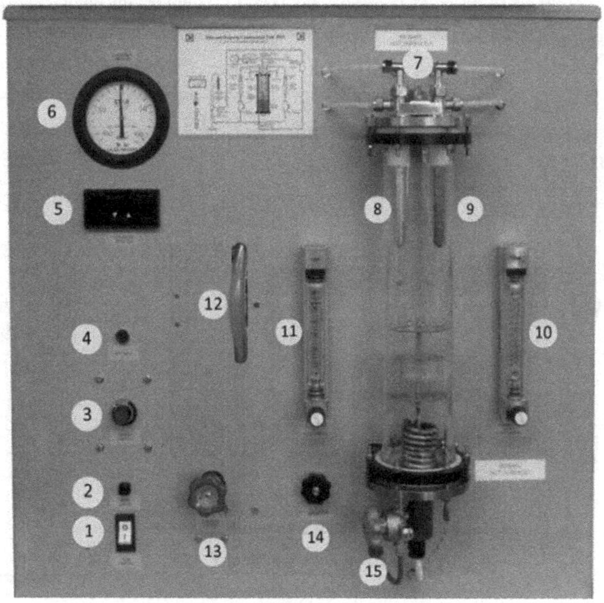

1—主开关;2—复位开关;3—加热器控制;4—热输入灯;5—温度指示器和选择开关;6—冷凝器压力表;7—卸压阀;8—珠状冷凝器;9—膜状冷凝器;10—膜状冷凝器冷却水流量计;11—珠状冷凝器冷却水流量计;12—真空泵瞄准管;13—真空泵控制阀;14—空气喷射器控制;15—加注/排泄阀。

图 4-8 凝结传热实验装置

表 4-6 实验涉及的主要参数

主要参数	数值
每个冷凝器的尺寸(长、直径、面积)/mm×mm×cm^2	90×12.7×37
蒸汽室内部容积/cm^3	1 840
玻璃筒内径/mm	76
正常水容量/cm^3	500
加热元件表面积/cm^3	144
冷凝器铜壳温降/K	$\approx 2\times 10^{-6}$
水的比热容/[kJ/(kg/K)]	4.18
蒸汽室热损失(实验得出)/(W/K)	2.5

4.3.3 实验原理

凝结传热实验通过模拟蒸汽在低于其饱和温度的壁面上凝结的过程,来研究蒸汽与壁面之间的热量传递机制。凝结传热是一种对流传热过程,蒸汽在与温度低于其饱和温度的壁面接触时,将潜热传递给壁面,自身则冷凝成液体。

凝结传热实验原理如图 4-9 所示。图中 t_1 表示水沸腾时的温度,即所处压力条件下的蒸汽温度;t_2 表示冷凝器 9(左侧铜表面镀金)表面温度;t_3 表示冷凝器 9(左侧铜表面镀金)冷凝水的进口温度;t_4 表示冷凝器 9(左侧铜表面镀金)冷凝水的出口温度;t_5 表示冷凝器

10(右侧铜表面镀金)表面温度;t_6 表示冷凝器 10(右侧铜表面镀金)冷凝水的进口温度;t_7 表示冷凝器 10(右侧铜表面镀金)冷凝水的出口温度。

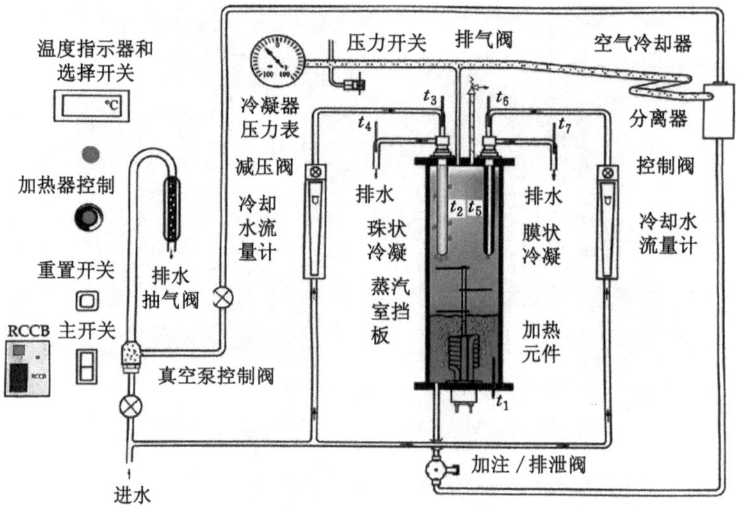

图 4-9　凝结传热实验原理

凝结可以分为两种主要形式:膜状凝结和珠状凝结。膜状凝结时,凝结液在壁面上形成一层液膜,热量需要通过这层液膜传递到壁面,因此液膜是主要的热阻;珠状凝结时,凝结液以液珠的形式滚落,没有液膜的阻隔,传热效率较高。

针对珠状凝结,若冷却水流量为 m,水的比热容为 c,基于冷却水进出口温度,可计算得到冷却水获得的热量 Q_1,即

$$Q_1 = \dot{m}c(t_4 - t_3) \tag{4-24}$$

若加热器传热表面的有效面积为 A,则蒸汽凝结放热量 Q_2 为:

$$Q_2 = hA(t_1 - t_2) \tag{4-25}$$

若蒸汽室散热损失记为 ΔQ,则有:

$$Q_1 = Q_2 - \Delta Q \tag{4-26}$$

故冷凝传热系数 h 为:

$$h = \frac{Q_1 + \Delta Q}{A(t_1 - t_2)} \tag{4-27}$$

4.3.4　实验方法和步骤

(1) 接通电源和水源,注意查看是否有漏水。

(2) 打开电源开关,加热之前需要复位。

(3) 对蒸汽室抽真空:先打开控制抽真空的阀门,再打开抽气阀。待水流中没有气泡且压力表读数稳定在−80 Pa 左右时关闭抽气阀,然后关闭控制抽真空的阀门。

(4) 根据蒸汽室水位情况,往蒸汽室吸入蒸馏水。

(5) 预加热蒸发器,使蒸发器产生一定量的气体,再次对蒸汽室抽真空。

(6) 打开加热旋钮开关，保持加热功率一定，加热蒸发器中的水至沸腾。

(7) 观察珠状冷凝和膜状冷凝的过程及形态变化。

(8) 待工况相对稳定时，记录温度显示器的 7 个温度 t_1、t_2、t_3、t_4、t_5、t_6、t_7。

(9) 调节冷却水流量开关，开展变工况实验。

(10) 实验结束后，先关闭加热开关，加大两个冷却水的开关，待蒸发器中的水冷却后，把顶部的排气阀门拉起来，排完气后，再把水排出。

(11) 关闭水龙头开关，然后关闭电源开关。

4.3.5 注意事项

(1) 蒸发器在使用过程中水位不得低于水位计线。

(2) 蒸发器可定期通过阀门进行排污。

(3) 在冬季，当室内温度低于 0 ℃时，应将蒸发器内的水放尽，防止冻坏设备。

4.3.6 实验数据记录和处理

(1) 在实验过程中，将冷却水流量、冷却水进出口温度、蒸汽温度、珠状冷凝器表面温度、膜状冷凝器表面温度等数据记录于表 4-7 和表 4-8 中。

(2) 根据实验所得的冷却水流量、冷却水进出口温度、蒸汽温度、珠状冷凝器表面温度、膜状冷凝器表面温度等计算冷凝传热系数，并记录在表 4-7 和表 4-8 中。冷凝器换热面积取 3.7×10^{-3} m^2。

表 4-7 珠状凝结数据记录

冷却水流量/(g/s)	t_1/℃	t_2/℃	t_3/℃	t_4/℃	换热量/W	冷凝传热系数/[W/(m^2·k)]
1						
2						
3						

表 4-8 膜状凝结数据记录

冷却水流量/(g/s)	t_1/℃	t_5/℃	t_6/℃	t_7/℃	换热量/W	冷凝传热系数/[W/(m^2·k)]
1						
2						
3						

(3) 分别绘制珠状冷凝和膜状冷凝条件下，冷凝传热系数随冷却水流量的变化曲线。

4.4 沸腾传热实验

沸腾传热实验

沸腾指液体在受热时产生的剧烈汽化现象。当液体受热后，分子获得足够的能量，使得液体内部的分子团簇破裂，分子以高速运动的形式从液体中逸出，形成气泡并冲破液面。沸腾实验是传热学的基础性实验之一，对于了解液体的性质和研究相变过程有着重要的意义。

4.4.1 实验目的

(1) 观察对流、成核和薄膜沸腾的视觉效果。

(2) 提高对沸腾传热的理解。

(3) 确定常压条件下五氟丁烷的热通量和表面传热系数。

(4) 分析表面热流密度及表面传热系数与过热度的关系。

4.4.2 实验装置

4.4.2.1 实验装置示意图

沸腾传热实验台(图 4-10)是用于研究沸腾换热原理并演示沸腾现象的教学实验设备。该设备主体为一个透明的有机玻璃容器,容器底部为电加热装置,顶部为水冷装置。容器底部盛放有一定量的低沸点有机溶剂。通过数字功率计可测量输入设备的电功率以及其他相关实验参数,利用设备内置的控制器可控制加热功率。

1—冷凝器压力表;2—温度指示器;3—功率计;4—加热控制器(电压调节器);5—主开关;
6—有机玻璃容器;7—流量计;8—温度计。

图 4-10 沸腾传热实验台

4.4.2.2 沸腾传热实验台技术参数

加热面尺寸:有效长度为 42 mm;直径为 12.7 mm;表面积为 0.001 8 m²。冷凝器表面积:0.032 m²。允许的最高表面温度:220 ℃。加热器切断温度:160 ℃。流体:五氟丁烷/全氟聚醚。流量:液位距加热元件的距离不小于 50 mm 时,约为 0.55 L。玻璃室的尺寸:标称内径为 80 mm;长为 300 mm;容积为 0.001 5 m³。加热器传热表面的有效面积:1.8×10^{-3} m²。

4.4.2.3 沸腾传热实验台规格

面板:高质量的玻璃钢;冷凝室:厚壁玻璃圆筒,尺寸(孔径×长)约为 80 mm×

300 mm，镀镍黄铜端板，腔室容纳加热元件和冷凝器盘管。加热元件：采用 600 W 高功率密度筒式加热器锻造而成的厚壁铜套，可提供均匀的表面温度，有效加热表面积约 18 cm^2。冷凝器盘管：9 盘管镀镍铜管，平均表面积约为 0.032 m^2。加热器控制：相角控制器，为加热元件提供无限可变的热量输入功率。

4.4.2.4 沸腾传热实验台仪器仪表规格

数字功率计：用于测量加热元件电气输入功率的数字仪器。温度指示器：单点数字温度指示器，分辨率为 1.0 ℃，用于指示加热元件表面的温度。玻璃温度计：数量 3 个，用于测量进水口和出水口温度（量程为 0～50 ℃），可测量液体的温度范围为－10～＋110 ℃，可测量蒸汽的温度范围为－1～＋110 ℃。冷凝器压力表：测量范围为－100～＋ 250 kN/m^2。

4.4.2.5 沸腾传热实验台的安全保护

（1）高温切断：设置为当元件温度（t_1）超过 160 ℃时关闭加热元件的电气输入。自动重置。

（2）高压开关：若冷凝器压力超过 220 kN/m^2，则设置为关闭加热元件的电气输入。自动重置。

4.4.3 实验方法和步骤

4.4.3.1 在开始任何测试之前

（1）冷却水已连接并准备就绪。

（2）检查 SES36 型温度计的压力和温度与饱和条件下的压力和温度是否一致，若不一致，则可能存在空气，应进行排气操作。

（3）电源已正确连接且设备已正确接地。打开设备的主电源，检查数字温度指示器的读数是否与 SES36 型温度计的温度一致。该装置设计使用 SES36 型温度计，故不应将其他液体注入系统。该装置的一个重要特征是使用玻璃作为腔室外壳。外壳的安全工作压力为 300 kN/m^2，并且具有安全保护设备，以确保工作压力不超过此值。在所有正常环境中，SES36 型温度计具有合适的压力-温度关系。选择 SES36 型温度计用于沸腾传热装置，是因为它在设想的温度下具有饱和压力。

4.4.3.2 使用期间

使用期间可通过以下方式将饱和压力控制在所需的值：

（1）通过控制阀改变冷凝器水流速（或温度）。

（2）使用加热器控制器改变供给加热器的功率。

4.4.3.3 使用后

（1）关闭开关并断开电源。

（2）循环冷却水，直至压力降至大气压或低于大气压，具体取决于环境温度。

4.4.3.4 沸腾模式的可视化

打开电源和水源，并调整到功率非常低的设置（＜20 W），让数字温度指示器稳定下来。仔细观察加热器周围的液体，可观察到对流现象，同时可以看到液体聚集并滴在冷凝器盘管上，表明蒸发正在以低速率进行。通过控制阀调节冷凝器水流量，以增量增大功率，将蒸汽压力保持在所需的恒定值。核沸腾很快就会开始并且增加，直至看到剧烈沸腾为止，此时液体和金属之间的温差仍然较小(<20 K)。

增大热量输入功率至 300～400 W，可以看到沸腾的性质发生了显著变化，同时金属和液体的温差将迅速增大。欲使蒸发速率降至较低水平，则必须降低冷凝器中水的流速以保持稳定的冷凝器压力。将热量输入功率降至约 40 W，仔细检查加热器表面，发现它被包裹在几乎完整的蒸汽膜中，这就是导致传热效率降低的原因。

将热量输入功率减小到 0 可以发现，当金属和液体温差降至约 80 K 时，沸腾突然变得剧烈，因为薄膜沸腾已恢复成核沸腾。

4.4.3.5　常压下热通量和表面换热系数的确定

将热量输入功率调节至约 50 W 并调节冷凝器中水的流速，直至达到所需的冷凝器压力为止。将热量输入功率增大到 100 W，调节冷凝器水流速以得到所需压力，当沸腾稳定时，等待 5 min 后重复观察。

以类似的增量重复实验，直至达到从核沸腾到薄膜沸腾的转变。通过在这种条件下仔细调节热量输入功率，可以对临界条件进行准确评估。当薄膜沸腾稳定时，应减小热量输入功率并继续读数，直到加热器温度达到 160 ℃为止。

4.4.4　实验数据记录和处理

沸腾传热实验数据记录和数据处理分别见表 4-9、表 4-10。

表 4-9　沸腾传热实验数据记录

参数	数值
热量输入功率/W	
液体温度/℃	
金属温度/℃	

表 4-10　沸腾传热实验数据处理

参数	数值
热流密度/(W/m^2)	
温差 t/℃	
表面传热系数 h/W/(m^2/K)	

4.5　中温辐射物体黑度测定实验

中温辐射物体黑度测定实验

物体表面的黑度是一个物性参数，其值取决于物体的性质(种类)、表面温度和表面状况。各种物体的黑度大小不一，具体数值由实验确定。

采用比较法可确定物体的黑度，其基本原理为在相同的条件下通过比较一个辐射吸收面对被测试样和已知黑度的标准试样热辐射能的大小，从而求出被测试样的黑度。

4.5.1　实验目的

(1) 用比较法定性测量中温辐射时物体的黑度。

(2) 掌握中温法辐射测量仪测量黑度的方法。

4.5.2　实验原理

在由 n 个物体组成的辐射换热系统中，通过净辐射公式可以求得物体 I 的纯换热量 $Q_{net,i}$，即

$$Q_{net,i} = Q_{abs,i} - Q_{e,i} = \alpha_i \sum_{k=1}^{n} \int_{F_k} E_{eff,k} \Psi_i(dk) dF_k - \varepsilon_i E_{b,i} F_i \tag{4-28}$$

式中　$Q_{net,i}$——i 面的净辐射换热量；

$Q_{abs,i}$——i 面从其他表面的吸热量；

$Q_{e,i}$——i 面本身的辐射热量；

ε_i——i 面的黑度；

$\Psi_i(dk)$——k 面对 i 面的角系数；

$E_{eff,k}$——k 面有效的辐射力；

$E_{b,i}$——i 面的辐射力；

α_i——i 面的吸收率；

F_i——i 面的面积。

辐射换热简图如图 4-11 所示。根据本实验的设备情况，可以认为：

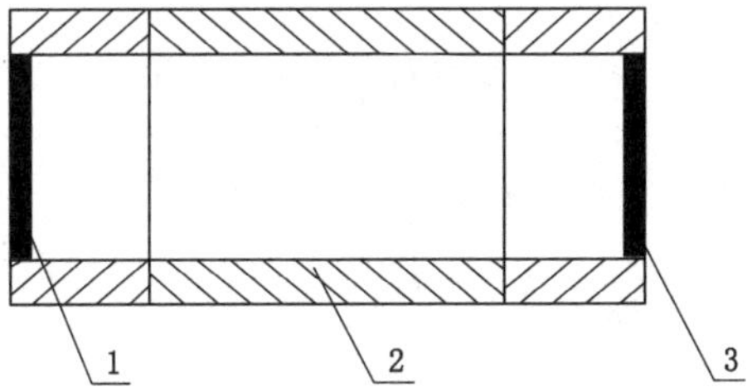

1—热源；2—传导圆筒；3—待测物体。

图 4-11　辐射换热简图

(1) 热源、传导圆筒为黑体。

(2) 热源、传导圆筒及待测物体表面温度均匀。在由 3 个物体组成的封闭系统中，利用净辐射法可以求得待测物体的净辐射换热量，进而求出待测物体的黑度。待测物体的净辐射换热量按下式计算：

$$Q_{net,3} = \alpha_3 (E_{b,1} F_1 \Psi_{1,3} + E_{b,2} F_2 \Psi_{2,3}) - \varepsilon_3 E_{b,3} F_3 \tag{4-29}$$

因为 $F_1 = F_3$；$\alpha_3 = \varepsilon_3$；$\Psi_{3,2} = \Psi_{1,2}$，根据角系数的互换性可知 $F_2 \Psi_{2,3} = F_3 \Psi_{3,2}$，故有：

$$q_3 = Q_{net,3}/F_3 = \varepsilon_3 (E_{b,1} \Psi_{1,3} + E_{b,2} \Psi_{1,2}) - \varepsilon_3 E_{b,3} = \varepsilon_3 (E_{b,1} \Psi_{1,3} + E_{b,2} \Psi_{1,2} - E_{b,3}) \tag{4-30}$$

由于待测物体与环境主要以自然对流方程换热，因此：

$$q_3 = \alpha_d (t_3 - t_f) \tag{4-31}$$

式中 α_d——换热系数；

t_3——待测物体的温度；

t_f——环境温度。

由式(4-30)、式(4-31)得：

$$\varepsilon_3 = \frac{\alpha_d (t_3 - t_f)}{E_{b,1}\Psi_{1,3} + E_{b,2}\Psi_{1,2} - E_{b,3}} \tag{4-32}$$

当热源和传导圆筒的表面温度一致时，有 $E_{b,1} = E_{b,2}$，考虑到这 3 个物体组成的系统为封闭系统，则：

$$\Psi_{1,3} + \Psi_{1,2} = 1 \tag{4-33}$$

由此，式(4-32)可写成：

$$\varepsilon_3 = \frac{\alpha_d (t_3 - t_f)}{E_{b,1} - E_{b,3}} = \frac{\alpha_d (t_3 - 6t_f)}{\sigma (T_1^4 - T_3^4)} \tag{4-34}$$

式中 σ_b——斯蒂芬-玻尔兹曼常数，其值为 5.7×10^{-8} W/(m^2 · K^4)。

对于不同待测物体 a、b，其黑度 ε_a、ε_b 为：

$$\varepsilon_a = \frac{\alpha_a (t_{3a} - t_f)}{\sigma (T_{1a}^4 - T_{3a}^4)} \tag{4-35}$$

$$\varepsilon_b = \frac{\alpha_b (t_{3b} - t_f)}{\sigma (T_{1b}^4 - T_{3b}^4)} \tag{4-36}$$

设 $\alpha_a = \alpha_b$，则：

$$\frac{\varepsilon_a}{\varepsilon_b} = \frac{t_{3a} - t_f}{t_{3b} - t_f} \cdot \frac{T_{1b}^4 - T_{3b}^4}{T_{1a}^4 - T_{3a}^4} \tag{4-37}$$

当 b 为黑体时，$\varepsilon_b \approx 1$，式(4-37)可写成：

$$\varepsilon_a = \frac{t_{3a} - t_f}{t_{3b} - t_f} \cdot \frac{T_{1b}^4 - T_{3b}^4}{T_{1a}^4 - T_{3a}^4} \tag{4-38}$$

4.5.3 实验方法和步骤

4.5.3.1 实验方法

辐热换热实验台如图 4-12 所示。辐热换热装置包括功能键、显示屏、导轨、热源、传导腔体、待测物体、导轨支架和电源开关等，如图 4-13 所示。该实验具体方法是通过对三组加热器(热源一组，传导腔体二组)电压的调整，使热源和传导腔体的测量点恒定在同一温度，然后分别测出具有原来表面状态的待测物体和表面熏黑的待测物体(黑体)在恒温条件下受到辐射后的温度，就可按公式计算出待测物体的黑度。具体显示屏操作界面如图 4-14 所示。

4.5.3.2 实验步骤

(1) 将热源腔体与传导腔体无缝连接，待测物体腔体(使用具有原来表面状态的物体作为待测物体)靠近传导腔体，对正并紧固。

(2) 接通 220 V 电源，打开测量箱上的红色电源开关，使设备进入工作状态。如未启动成功，可关闭红色开关按钮重启一次。

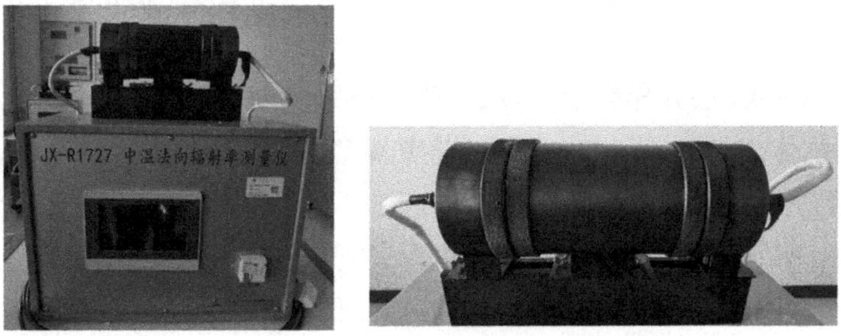

(a) 主体　　　　(b) 局部

图 4-12　辐射换热实验台

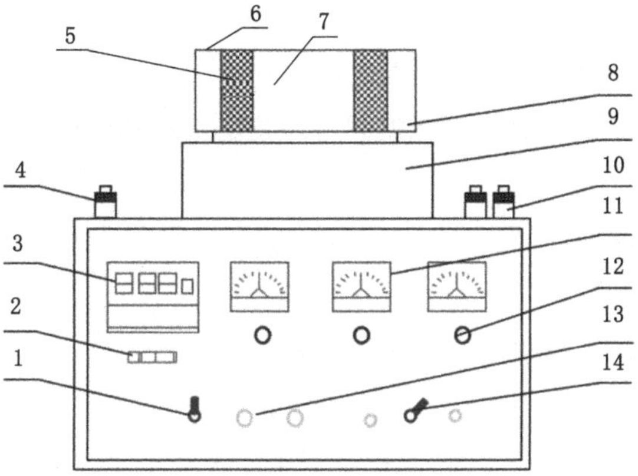

1,2,4,10,11,12,13—功能键;3—显示屏;5—导轨;6—热源;7—传导腔体;
8—待测物体(受体);9—导轨支架;14—电源开关。

图 4-13　辐射换热实验装置

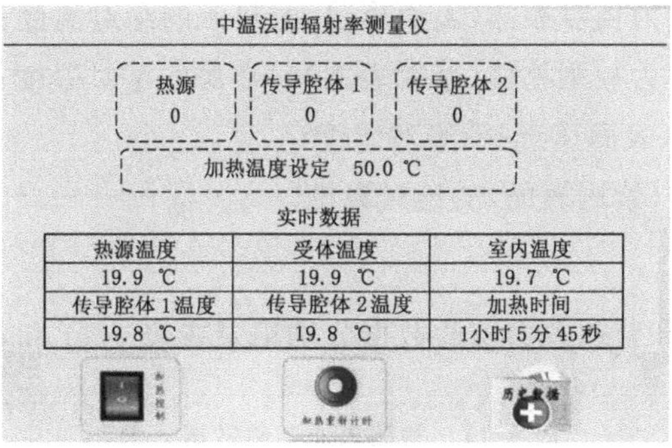

图 4-14　显示屏操作界面

(3) 在彩色触摸屏式液晶屏上触摸温度设定窗口,输入设定温度后,点击“加热启动”按钮,仪器自动对热源和待测物体加热。点击屏幕上“加热重新计时”按钮,可记录加热时间。

(4) 当系统进入恒温后,热源、传导腔体 1、传导腔体 2 和待测物体温度变化小,每隔3～

5 min 记录一组数据，直至各个温度相对稳定，记录下一组数据，如此共记录 3 组数据并填入表 4-11 中。

(5) 关闭电源开关，松开导轨螺丝，取下待测物体。

(6) 将待测物体冷却后，用松脂或蜡烛将其熏黑，然后冷却至室温左右，如此重复测得黑体的 3 组数据，并将实验数据记录在表 4-11 中。

(7) 关闭操作界面上的电源开关，拔掉电源，实验结束。

(8) 将以上数据代入公式即可得出代测物体的黑度。

4.5.4 注意事项

(1) 热源及传导腔体的温度不宜超过 90 ℃。

(2) 每次做原始状态实验时，建议用汽油或酒精将代测物体表面擦干净，否则试验结果将有较大出入。

(3) 当黑体表面有划痕时，要重新熏黑。

(4) 同一台仪器先后进行两次测量时设定温度必须是相同的，即温度设定只进行一次，否则实验数据无效。

(5) 不允许拆卸电源。

4.5.5 试验所用计算公式

由式(4-37)可知，本实验所用的计算公式为：

$$\frac{\varepsilon_{受}}{\varepsilon_0}=\frac{\Delta T_{受}(T_{源}^4-T_0^4)}{\Delta T_0(T_{源}^{\prime 4}-T_{受}^4)} \tag{4-39}$$

式中 ε_0——相对黑体的黑度，该值可假设为 1；

$\varepsilon_{受}$——待测物体的黑度；

$\Delta T_{受}$——待测物体(紫铜表面)与环境的温差；

ΔT_0——黑体(表面熏黑)与环境的温差；

$T_{源}$——待测物体为相对黑体(表面熏黑)时热源的绝对温度；

$T'_{源}$——待测物体为被测物体(紫铜表面)时热源的绝对温度；

T_0——相对黑体(表面熏黑)的绝对温度；

$T_{受}$——待测物体(紫铜表面)的绝对温度。

4.5.6 实验数据记录

紫铜表面实验数据和紫铜熏黑实验数据分别记录在表 4-11 和表 4-12 中。

表 4-11 紫铜表面实验数据记录

序号	热源温度/℃	传导腔体 1 温度/℃	传导腔体 2 温度/℃	待测物体(紫铜表面)温度/ ℃	备注
1					
2					
3					

表 4-12　紫铜熏黑实验数据记录

序号	热源温度/℃	传导腔体 1 温度/℃	传导腔体 2 温度/℃	待测物体(紫铜熏黑)温度/℃	备注
1					
2					
3					

4.6　换热器性能实验

换热器性能实验

换热器性能实验用于研究间壁式换热器换热原理。该实验主要对应用较广的间壁式换热器的 3 种换热器(同心套管式换热器、板式换热器和管壳式换热器)进行性能测试,并可进行顺流和逆流两种流动方式的切换。

换热器性能实验的主要内容为测定换热器的总传热系数、对流传热温差和热平衡误差等,并就不同换热器不同流动方式和不同工况条件下的传热性能进行比较和分析。

4.6.1　实验目的

(1) 熟悉换热器性能的测试方法。

(2) 了解 H102A 型套管式换热器、H102C 型板式换热器和 H102C 型管壳式换热器的结构特点及性能。

(3) 加深对顺流和逆流两种流动方式下换热器换热能力差别的认识。

4.6.2　实验装置

换热器性能实验采用的换热器综合试验台如图 4-15 所示,主要包括套管式换热器、温度指示器、热水流量计、冷水流量计、功率表等。

实验台换热形式为热水-冷水换热,其中热水加热采用自动限温和自动控温方式,冷、热液体的进出口温度采用温度数显仪测量。

4.6.3　工作原理及相关参数

换热器性能实验采用模块化设计,可根据需要设置不同类型的换热器性能实验。换热介质主要包括热水和冷水。

4.6.3.1　同心套管式换热器工作原理

同心套管式换热器工作原理如图 4-16 所示,图中 T_1、T_2 分别代表热水进口和出口,T_3、T_4 分别代表冷水进口和出口,T_5、T_6 分别代表热水管和冷水管的中间位置。图中金属管走热水,塑料管走冷水。图 4-17(a)为冷、热水从右侧上端进入的顺流,图 4-17(b)为冷、热水从左侧下端进入的逆流,图中 t_1、t_2 分别代表热流体进、出口温度,t_3、t_4 分别代表冷流体进、出口温度。在顺流过程中,冷、热水的流向是相同的,连接管线时,热水进口和冷水进口位于同侧(左右)。注意进出口是可替换的,可以切换成逆流形式。在逆流过程中,冷、热水的流向是相反的,连接管线时,热水进口和冷水进口必须位于不同侧。

(1) 内外管

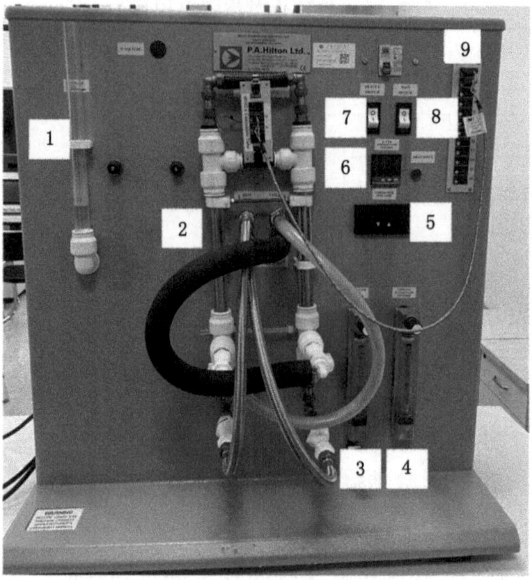

1—热水充水口；2—套管换热器；3—热水流量计；4—冷水流量计；5—功率表；6—温度指示器；7—总开关；8—换热器开关；9—热电偶接口。

图 4-15 换热器性能实验综合实验台

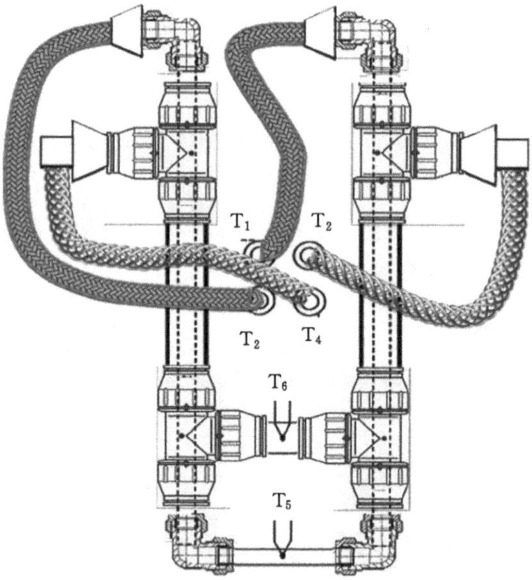

图 4-16 套管式换热器实验台工作原理

内管材质为不锈钢，外径 0.012 m，内径 0.001 m；外管材质为透明丙烯酸，内径 0.022 m，壁厚 0.003 m。

(2) 有效换热部分

有效换热长度：2×0.318 m，有效换热面积：0.021 98 m^2。

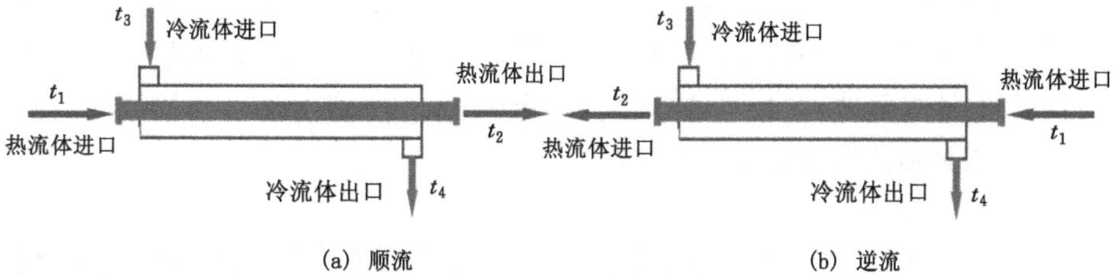

图 4-17　套管式换热器水循环示意图

需要注意的是，换热器的表面积与 H102B 型板式换热器和 H102C 型管壳式换热器的表面积接近，可以直接比较性能。

(3) 热电偶位置

热电偶的位置分别为热水进口、热水出口、冷水进口、冷水出口、热水管的中间位置和冷水管的中间位置。

4.6.3.2　板式换热器工作原理及物性参数

图 4-18 为板式换热器工作原理示意图。板式换热器水循环方式为冷、热水从上端进入的顺流。金属管走热水，塑料管走冷水。

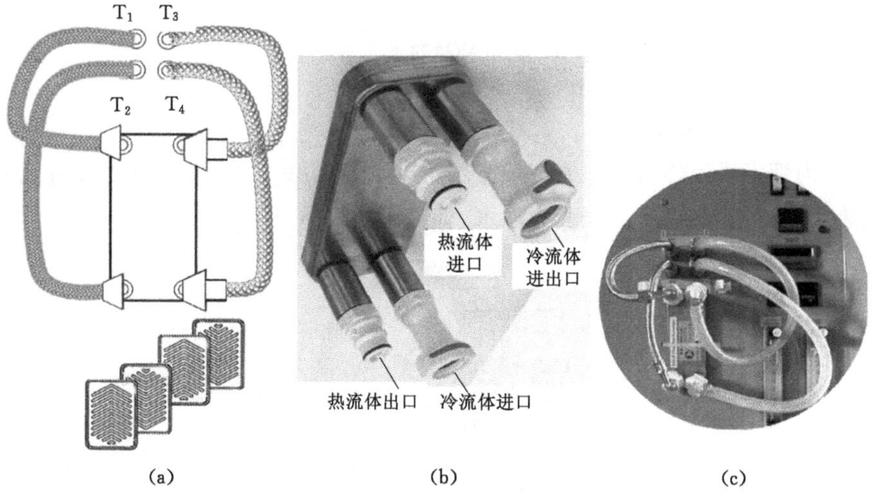

图 4-18　板式换热器工作原理示意图

(1) 材质与尺寸

材质为 316# 不锈钢，尺寸：0.072×0.189 m，总换热面积：0.024 m^2，净重：0.776 kg，总重：0.846 kg。

(2) 热电偶位置

T_1：热水进口，T_2：热水出口，T_3：冷水进口，T_4：冷水出口，T_5：热水管的中间位置，T_6：冷水管的中间位置。

(3) 热水、冷水循环

接好热水的进出口，注意进出口是可替换的。在顺流过程中，冷、热水的流向是相同的，连接管线时，热水进口(T_1)和冷水进口(T_3)位于同一高度(上下)。在逆流过程中，冷、热水的流向是相反的，连接管线时，热水进口(T_1)和冷水进口(T_3)必须位于不同高度。

图 4-19 为板式换热器水循环示意图。

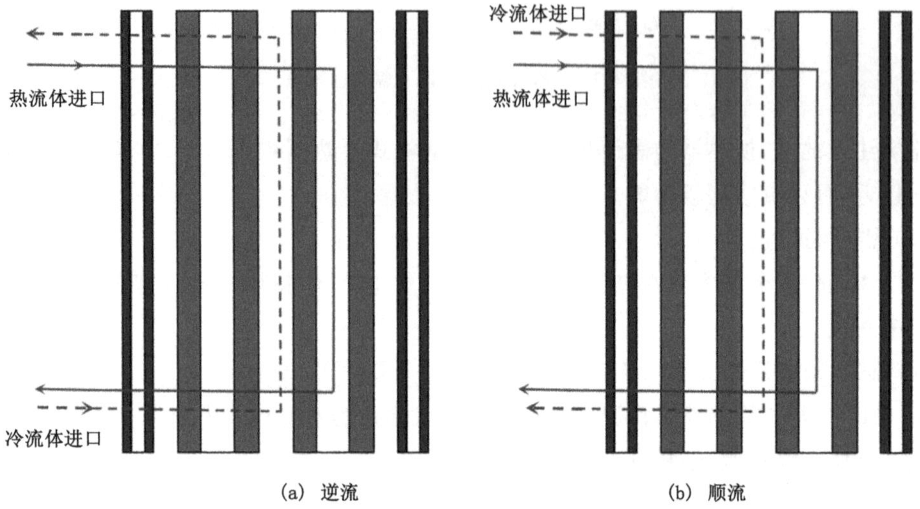

图 4-19　板式换热器水循环示意图

4.6.3.3　管壳式换热器工作原理

图 4-20 为管壳式换热器工作原理示意图，其水循环方式为冷、热水从上端进入的顺流。金属管走热水，塑料管走冷水。壳程为热水，管程为冷水。

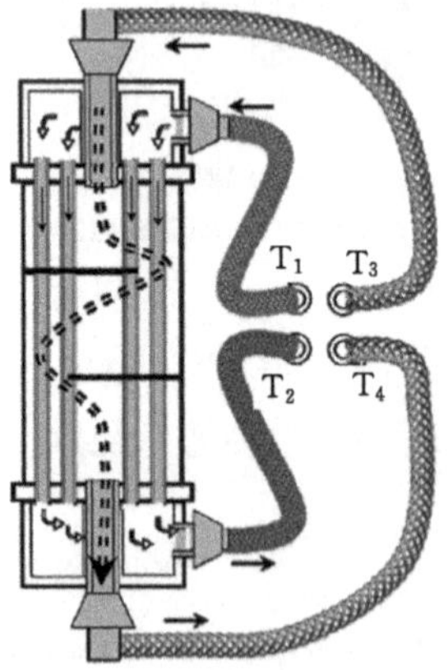

图 4-20　管壳式换热器工作原理

(1) 内管

管束材质：不锈钢；管束外径：0.004 76 m；管束壁厚：0.000 6 m；管束数量：7 个。

管束有效换热长度：0.205 m；管束有效换热面积：0.018 7 m^2；管壳材质：耐热玻璃(硼

硅酸盐)；管壳内径：0.075 m；管壳壁厚：0.01 m；扰流板数量：2 个。

(2) 热电偶位置

T_1 为热水进口，T_2：热水出口，T_3：冷水进口，T_4：冷水出口，T_5：热水管的中间位置，T_6：冷水管的中间位置。

(3) 热水、冷水循环

接好热水的进出口，注意进出口是可替换的。在顺流过程中，冷、热水的流向是相同的，连接管线时，热水进口(T_1)和冷水进口(T_3)位于同一高度(上下)。在逆流过程中，冷、热水的流向是相反的，连接管线时，热水进口(T_1)和冷水进口(T_3)必须位于不同高度。图 4-21 为水循环示意图。

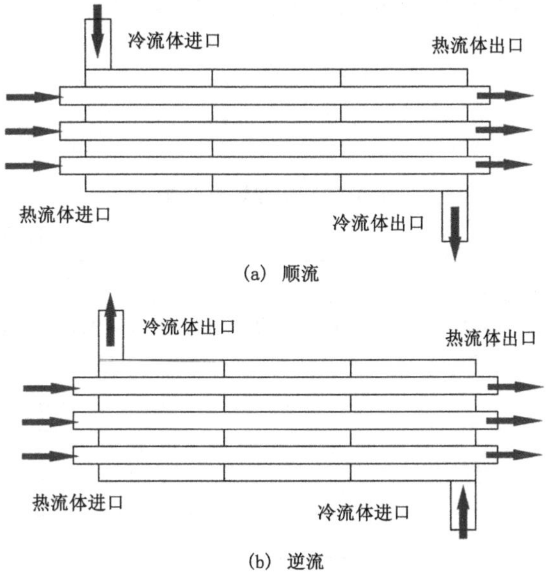

图 4-21　管壳式换热器水循环示意图

4.6.4　实验操作

4.6.4.1　实验前的准备工作

(1) 熟悉实验装置及所用仪表的工作原理和性能。

(2) 更换并安装好需要测试的换热器。

(3) 按顺流(或逆流)方式安装管子接头(管子接头处有个按钮，按住按钮接头就能直接拔出，实验过程中直接拔掉即可)。金属管走热水，塑料管走冷水。

(4) 热水箱充水，在箱体上部有个充水口，往里面充饮用的纯净水(不能用自来水，防止结垢)，确保透明玻璃管内液面不超过最大刻度。运行时透明玻璃管内液面会下降，需及时补水。

4.6.4.2　实验步骤

(1) 打开旁边墙上的水管开关(冷水循环)。

(2) 打开蓝色保护开关。

(3) 依次打开总开关、换热器开关两个电源按钮，启动热水循环，并旋转冷热水旋钮，调节好流量。注意，运行时透明玻璃管内液面会下降，需及时补水。

(4) 打开控温仪旁边的加热开关，控制水温在 70 ℃以下的某一指定温度。

(5) 待冷、热流体的温度基本稳定后，即可读出这些测温点的温度数值，同时在流量计上读出冷、热流体的流量读数。把这些测试结果记录在事先设计好的实验记录表(表 4-13)中。

如需要做改变流动方向(顺、逆流)的实验，或需要绘制换热器传热性能曲线而要求改变工况，如改变冷水(热水)流速(或流量)等，都要重新安排实验，实验步骤与上述过程相同。

实验结束后，首先关闭电加热器开关，然后关掉加热器和总的循环开关，5 min 后关掉墙上的冷水开关(关掉所有电源不影响冷水循环，冷水循环用的是自来水循环)。若后面没人做实验，则打开排水阀门，排掉换热器内的热水，防止结垢。

4.6.5 实验记录

4.6.5.1 数据记录

表 4-13 实验数据记录

换热器名称:__________ 环境温度 t_0:________ ℃

流动方向	热流体			冷流体			换热器温度分布简图
	进口温度 t_1/℃	出口温度 t_2/℃	流量计读数 V_1/(g/s)	进口温度 t_3/℃	出口温度 t_4/℃	流量计读数 V_2/(g/s)	
顺流							
逆流							

4.6.5.2 数据计算

热流体放热量 Q_1 为：

$$Q_1 = c_{p1} \cdot m_1(t_1 - t_2) \tag{4-40}$$

式中，c_{p1} 为热流体的比热容；m_1 为热流体的质量流量。

冷流体吸热量 Q_2 为：

$$Q_2 = c_{p2} \cdot m_2(t_4 - t_3) \tag{4-41}$$

式中，c_{p2} 为冷流体的比热容；m_2 为冷流体的质量流量。

换热器换热量 Q 为：

$$Q = KA\Delta t_m \tag{4-42}$$

式中，K 为传热系数；A 为换热面积；Δt_m 为对数平均温差。

平均换热量 Q_3 为：

$$Q_3=\frac{Q_1+Q_2}{2} \tag{4-43}$$

对数平均温差 Δt_m 为：

$$\Delta t_m=\frac{\Delta t_{max}-\Delta t_{min}}{\ln\frac{\Delta t_{max}}{\Delta t_{min}}} \tag{4-44}$$

式中，Δt_{max}为热流体与冷流体温差的最大值；Δt_{min}为热流体与冷流体温差的最小值。

热平衡误差 Δ 为实际换热量与理论换热量之间的差异，以百分比表示，计算公式为：

$$\Delta=\frac{Q_1-Q_2}{Q_3}\times 100\% \tag{4-45}$$

5　传热学虚拟实验指导

5.1　多层平壁稳态导热数值实验

多层平壁稳态导热数值实验

多层平壁是由几层不同材料组成的平壁。多层平板稳态导热技术可以应用于多个领域，如电子、建筑等工业。在工程计算中，常常遇到多层平壁。例如，房屋的墙壁、北方建筑的双层玻璃等，这些都是多层平壁的实例。对多层平壁的研究有利于提高导热效率、更好地控制温度分布以及减少热量在传递过程中的损失等。多层平壁的发展充满潜力。

多层平壁的一维稳态热传导是传热学稳态热传导一个重要的研究对象，它涉及多层壁的热导率和导热速率的计算，对于理解物质的热性质、工程设计和科学研究具有重要意义。

5.1.1　实验目的

（1）掌握多层平壁稳态导热的基本原理。

（2）掌握不同工况下平壁导热问题的模拟与分析方法。

5.1.2　实验原理

多层平壁稳态导热问题，可采用热阻的概念进行分析，即在稳态、无内热源的情况下，通过各层平壁的热流量相等。

如图 5-1 所示，以三层平壁为例，已知：各层的厚度分别为 δ_1、δ_2、δ_3，对应的导热系数分别为 λ_1、λ_2、λ_3，最左侧壁面温度为 t_{w1}，最右侧壁面温度为 t_{w4}，要求确定多层平壁的热流密度、各层平壁的层间温度。

采用单层平壁的求解方法，对三层平壁分别求解：

$$q_1=\lambda_1\frac{t_{w1}-t_{w2}}{\delta_1} \tag{5-1}$$

$$q_2=\lambda_2\frac{t_{w2}-t_{w3}}{\delta_2} \tag{5-2}$$

$$q_3=\lambda_3\frac{t_{w3}-t_{w4}}{\delta_3} \tag{5-3}$$

式中，q_1、q_2、q_3 分别为通过三层平壁的热流密度。

在稳态情况下，通过三层平壁的热流密度 $q=q_1=q_2=q_3$，由此可得：

$$q=\frac{t_{w1}-t_{w4}}{\dfrac{\delta_1}{\lambda_1}+\dfrac{\delta_2}{\lambda_2}+\dfrac{\delta_3}{\lambda_3}}=\frac{\Delta t}{r_{\lambda1}+r_{\lambda2}+r_{\lambda3}} \tag{5-4}$$

式中，$r_{\lambda1}$、$r_{\lambda2}$、$r_{\lambda3}$分别为三层平壁单位面积的导热热阻。

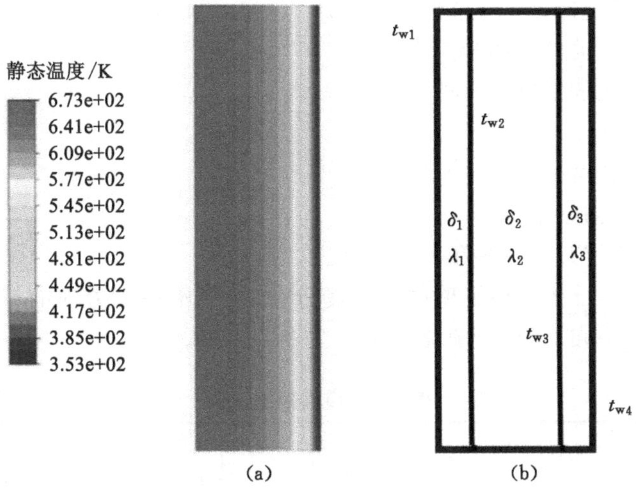

图 5-1　三层平壁热传导

上述三层平壁的稳态导热结果可推广到 n 层平壁，即

$$q=\frac{t_{w1}-t_{w(n+1)}}{\sum_{i=1}^{n}\frac{\delta_i}{\lambda_i}}=\frac{t_{w1}-t_{w(n+1)}}{\sum_{i=1}^{n}r_{\lambda i}} \tag{5-5}$$

$$t_{w(i+1)}=t_{wi}-q\frac{\delta_i}{\lambda_i} \tag{5-6}$$

式中，$t_{w(n+1)}$为第 n 层平壁一侧的温度；$t_{w(i+1)}$、t_{wi}分别为第 i 层平壁两侧的温度。

多层平壁的每一层内温度分布曲线均呈直线，但由于各层材料的热导率不同，所以在整个多层平壁中温度分布曲线为一条折线。

5.1.3　模拟对象

多层平壁导热模型为三层平板叠加而成的复合平板。沿厚度方向平板的厚度依次为 6 mm、14 mm、6 mm，计算采用的二维模型为 26 mm×100 mm(宽×长)的矩形，其划分为 3 个矩形计算区域。

本次模拟以第一类边界条件为例，忽略接触热阻，导热系数设为恒定。对平壁导热模型，沿厚度方向三层平壁的材料分别为铸铁、黏土、木料(可自选材料)，其导热系数分别为 16.27 W/(m·K)、1.30 W/(m·K)、0.17 W/(m·K)，厚度为 0 mm 处壁面设置为恒温，即 $t_{w1}=773$ K，厚度为 26 mm 处壁面也设为恒温，即 $t_{w4}=353$ K，上下边壁设为绝热。

变工况计算：改变平板材料；改变边界条件，包括改变第一类边界条件的壁面温度或采用第二类、第三类边界条件；进行多种工况模拟，至少模拟三种工况。

5.1.4　模拟步骤

(1) 根据多层平板尺寸构建物理模型。

(2) 对所建立的物理模型进行网格划分，定义边界，输出 mesh 文件。

(3) 导入 Fluent 软件中，并进行逐步设置。

① 阅读并检查网格质量。

② 缩放域：确保计算区域大小正确。

③ 选择模型:确定计算涉及的控制方程。

④ 定义与问题相关的实体和流体。

⑤ 定义每个分区的材质和源项。

⑥ 定义边界条件。

⑦ 确定算法和方案。

⑧ 初始化:设置初始条件。

⑨ 运行模拟:监控残差曲线和特定变量。

(4) 模拟后处理:分析多层平壁的温度场分布,绘制沿厚度方向的温度变化曲线,统计壁面温度,计算热流密度,并将计算结果记录在表 5-1 中。

表 5-1 模拟数据记录

工况	λ_1/[W/(m·K)]	λ_2/[W/(m·K)]	λ_3/[W/(m·K)]	δ_1/m	δ_2/m	δ_3/m
1						
2						
3						
…						

(5) 模拟结束,改变边界条件进行另一种工况的计算与分析。

5.1.5 实验要求

(1) 预习实验指导书,熟悉平壁稳态热传导基本原理。

(2) 熟悉所用材料的特征参数,尤其是导热系数。

(3) 模拟设置必须按照步骤依次进行,边界条件核对无误后再进行模拟计算。

(4) 根据数值模拟结果,统计各个壁面的温度,绘制沿厚度方向的温度变化曲线,计算热流密度 q,将计算结果记录在表 5-2 中。

(5) 采用多层平壁热传导理论计算热流密度的理论值 q',比较 q 与 q' 的差异,将结果记录在表 5-2 中。

5.1.6 模拟数据记录

表 5-2 模拟条件与结果记录

工况	t_{w1}/℃	t_{w2}/℃	t_{w3}/℃	t_{w4}/℃	q/(W/m^2)	q'/(W/m^2)	$q'-q$/(W/m^2)
1							
2							
3							
…							

5.1.7 绘制温度沿厚度方向的变化曲线

根据测量数据绘制不同工况条件下温度沿厚度方向的变化曲线。

5.2　多层圆筒壁稳态导热数值实验

多层圆筒壁稳态导热数值实验

多层平壁通常用于某些简单的导热场景，例如室内加热器等。多层圆筒壁则用于高温高压条件下的导热场景，例如汽车发动机和热交换器等领域。通过测量多层圆筒壁各层的温度分布，可进一步了解材料的热导率对传热过程的影响，观察圆筒壁传导与自然对流的传热过程，分析热流密度与热阻之间的关系，熟悉热电偶测温和显示仪表的使用方法，进而掌握热电偶测温技术。

多层圆筒壁的一维稳态热传导问题是传热学稳态热传导部分一个重要的研究对象，对于理解物质的热性质、管道设计和科学研究具有重要意义。

5.2.1　实验目的

(1) 掌握圆筒壁稳态导热的基本原理。

(2) 掌握不同工况条件下圆筒壁导热问题的模拟与分析方法。

5.2.2　实验原理

单层圆筒壁导热微分方程与相应的边界条件可表示如下：

$$\begin{cases}\dfrac{\mathrm{d}}{\mathrm{d}r}\left(r\dfrac{\mathrm{d}t}{\mathrm{d}r}\right)=0\\ r=r_1,t=t_1\\ r=r_2,t=t_2\end{cases}\tag{5-7}$$

式中，r_1 为单层圆筒壁的内壁半径；t_1 为内壁温度；r_2 为单层圆筒壁的外壁半径；t_2 为外壁温度。

将式(5-7)积分两次，得到其通解，即

$$t=c_1\ln r+c_2\tag{5-8}$$

式中，c_1 和 c_2 为常数。

将式(5-8)代入边界条件可得其温度分布公式：

$$t=t_1+\frac{t_2-t_1}{\ln(r_2/r_1)}\ln(r/r_1)\tag{5-9}$$

对式(5-9)求导，并结合傅立叶定律，可得通过圆筒壁的热流量 Φ，即

$$\Phi=-\lambda A\frac{\mathrm{d}t}{\mathrm{d}r}=\frac{t_1-t_2}{\dfrac{1}{2\pi\lambda l}\ln\dfrac{r_2}{r_1}}=\frac{t_1-t_2}{R_\lambda}\tag{5-10}$$

采用热阻的概念进行分析，在稳态、无内热源的情况下，通过多层圆筒壁的热流量可表示为：

$$\Phi=\frac{t_1-t_2}{\dfrac{1}{2\pi\lambda_1 l}\ln\dfrac{r_2}{r_1}}=\frac{t_2-t_3}{\dfrac{1}{2\pi\lambda_2 l}\ln\dfrac{r_3}{r_2}}\tag{5-11}$$

式中，r_3 为最外侧壁半径；t_3 为最外侧壁温度。

若已知最内侧壁面温度 t_1 与最外侧壁面温度 t_3，则热流量的计算公式为：

$$\Phi=\frac{t_1-t_3}{\frac{1}{2\pi\lambda_1 l}\ln\frac{r_2}{r_1}+\frac{1}{2\pi\lambda_2 l}\ln\frac{r_3}{r_2}} \tag{5-12}$$

层间温度 t_2 计算公式如下：

$$t_2=t_1-\Phi\frac{1}{2\pi\lambda_1 l}\ln\frac{r_2}{r_1} \tag{5-13}$$

由以上结果可知，多层圆筒壁的每一层内温度分布曲线均是一条对数曲线。

应用串联热阻叠加原则，设不同材料构成的各层壁间接触良好，平均热导率分别为 λ_1，λ_2，…，λ_n，n 为圆筒壁层数，则通过 n 层圆筒壁的导热热流量为：

$$\Phi=\frac{t_1-t_n}{\sum_{i=1}^{n}\left(\frac{1}{2\pi\lambda_1 l}\ln\frac{r_{i+1}}{r_i}\right)} \tag{5-14}$$

多层圆筒壁间的温度可以通过热电偶测量获得，也可以在得知内外壁温度的条件下利用理论公式计算获得。针对 n 层圆筒壁，有：

$$t_n=t_1-\frac{\Phi}{2\pi l}\left(\sum_{i=1}^{n}\frac{1}{\lambda_i}\ln\frac{r_{i+1}}{r_i}\right) \tag{5-15}$$

5.2.3 模拟对象

本实验的研究对象为圆筒壁外加 2 层保温层，如图 5-2 所示。圆筒壁高 $l=100$ mm，中心圆柱区域半径 $r_1=7$ mm，外包保温层厚度均为 6 mm，外包第一层保温层外径 $r_2=13$ mm，外包第二层保温层外径 $r_3=19$ mm，保温层的导热系数从内到外分别为 λ_1、λ_2，第一层保温层内侧壁面温度为 t_1，第二层保温层外侧壁面温度为 t_3，要求确定圆筒壁的热流量和层间温度 t_2。

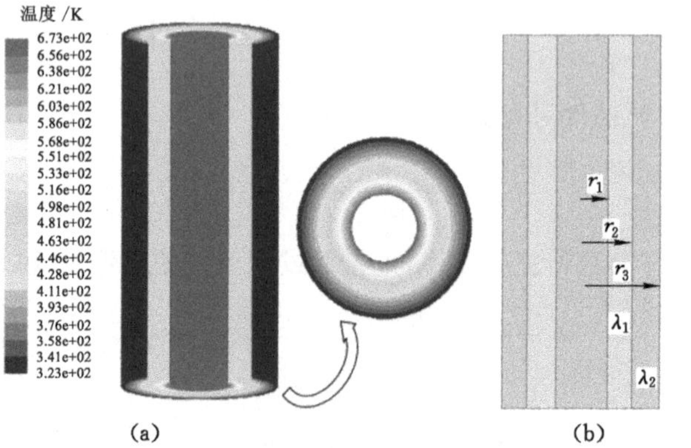

图 5-2 两层圆筒壁的物理模型

本次模拟以第一类边界条件为例，忽略接触热阻，导热系数设为恒定，上下边壁设为绝热。内层保温层的导热系数为 $\lambda_1=0.02$ W/(m·K)，密度为 35 kg/m^3，比热容为 1.38 J/(kg·K)，外层保温层的导热系数为 $\lambda_2=0.23$ W/(m·K)，密度为 500 kg/m^3，比热容为 0.92 J/(kg·K)，内侧壁面温度 t_1 为 400 ℃，最外侧壁面温度 t_3 为 50 ℃，要求确定圆筒壁的热流量和层间温

度 t_2。

变工况计算：改变平板材料；改变边界条件，包括改变第一类边界条件的壁面温度或采用第二、三类边界条件；进行多工况模拟，至少计算三种工况的数据。

5.2.4 模拟步骤

(1) 根据多层圆筒壁的尺寸构建物理模型。

(2) 对所建立的物理模型进行网格划分，定义边界，输出 msh 文件。

(3) 导入 Fluent 软件，并进行逐步设置。

① 阅读并检查网格质量。

② 缩放域：确保计算区域大小正确。

③ 选择模型：确定计算涉及的控制方程。

④ 定义与问题相关的实体和流体。

⑤ 定义每个分区的材质和源项。

⑥ 定义边界条件。

⑦ 确定算法和方案。

⑧ 初始化：设置初始条件。

⑨ 运行模拟：监控残差曲线和特定变量。

(4) 模拟后处理：分析圆筒壁的温度场分布，绘制沿厚度方向的温度变化曲线，统计壁面温度，计算热流量，将结果记录在表 5-3 中。

(5) 模拟结束，改变边界条件进行另一种工况的计算与分析。

5.2.5 实验要求

(1) 预习实验指导书，熟悉圆筒壁稳态热传导基本原理。

(2) 熟悉所用材料的特征参数，尤其是导热系数。

(3) 模拟设置必须按照步骤依次进行，边界条件核对无误后再进行模拟计算。

(4) 根据数值模拟结果，统计内层壁面温度，绘制沿厚度方向的温度变化曲线，计算热流量。

(5) 比较计算，分析导热系数大的层面放内层还是外层较为合适？

(6) 改变工况进行计算：改变 t_1、t_3，或将边界条件改成第二、三类边界条件。

5.2.6 模拟数据记录

表 5-3 模拟数据记录

工况	层面设计	λ_1/[W/(m·K)]	λ_2/[W/(m·K)]	t_1/℃	t_2/℃	t_3/℃	Φ(模拟值)/W	Φ'(理论值)/W	$\Delta\Phi$/W
1	导热系数大的层面在内								
	导热系数大的层面在外								
2									

5.3 非稳态钢球冷却数值实验

非稳态钢球冷却数值实验

非稳态导热是指物体内部温度随时间变化而变化的导热过程，特点是温度分布和热流密度随时间的变化而变化。非稳态传热性能的研究对于理解瞬态过程、优化传热设备等具有重要意义。

对于非稳态传热性能的研究，实验方法起到了关键作用。该实验可观察物体温度随时间变化的情况，并利用实验得到的数据建立传热模型。此外，还可以通过改变传热边界条件、加热方式等来研究传热性能的变化。本次实验的研究对象为一个钢球的非稳态冷却过程，采用数值解法进行模拟实验。通过实验，学生可以直观地看到小钢球内部温度的时空变化过程，加深对理论知识的理解，同时该实验还可帮助学生理解非稳态导热的物理过程和数学模型。

5.2.1 实验目的

(1) 掌握非稳态导热的基本原理。

(2) 掌握多种工况条件下的非稳态导热问题的模拟与分析方法。

5.2.2 实验原理

一个直径为 d 的三维球体，如图 5-3 所示，其体积为 V，比热容为 c，表面积为 A，具有均匀的初始温度 t_0。现将其突然置于温度恒为 t 的流体中，环境温度为 t_∞，物性参数恒定不变。在第三类边界条件下进行换热，换热系数 h 已知，求物理温度随时间的变化关系。

图 5-3　三维球体示意图

根据能量守恒方程式：

$$hA(t-t_\infty)=-\rho Vc\,\frac{\mathrm{d}t}{\mathrm{d}\tau} \tag{5-16}$$

令 $\theta=t-t_\infty$ 为过余温度，式(5-16)可改写为：

$$hA\theta=-\rho Ac\,\frac{\mathrm{d}\theta}{\mathrm{t}\tau} \tag{5-17}$$

对式(5-17)分离变量得：

$$\frac{1}{\theta}\mathrm{d}\theta=-\frac{hA}{\rho Vc}\mathrm{d}\tau \tag{5-18}$$

初始条件：$\tau=0, t=t_0 \to \theta=\theta_0$

对式(5-18)从 $0\to\tau$ 时刻积分可得：

$$\int_{\theta_0}^{\theta}\frac{1}{\theta}\mathrm{d}\theta=-\frac{hA}{\rho Vc}\int_0^{\tau}\mathrm{d}\tau \tag{5-19}$$

$$\frac{\theta}{\theta_0}=\frac{t-t_\infty}{t_0-t_\infty}=\exp\left(-\frac{hA}{\rho Vc}\tau\right) \tag{5-20}$$

式(5-20)中右端的指数可做如下变化：

$$\frac{hA}{\rho Vc}\tau=\frac{h(V/A)}{\lambda}\frac{a\tau}{(V/A)^2}=Bi_V Fo_V \tag{5-21}$$

$$l_c=V/A \tag{5-22}$$

式中 Bi_V——以 l_c 为特征长度的毕渥数；

Fo_V——特征尺度 l_c 用 V/A 表示的傅立叶数。

5.2.3 模拟对象

本次模拟的模型为直径 5 cm 的钢球，其初始温度为 450 ℃，被突然放置在 30 ℃的空气中，钢球表面对流换热系数为 24 W/(m · K)。已知钢球的比热容 $c=0.48$ kJ/(kg · K)，$\rho=7\ 753$ kg/m^3，$\lambda=33$ W/(m · K)。计算得到的钢球 B_{iV}数为 0.006 06。

变工况计算：改变球体材质；改变边界条件，包括改变第一类边界条件的壁面温度或采用第二、三类边界条件的壁面温度；进行多工况模拟，至少计算 3 种工况的数据。

5.2.4 模拟步骤

(1) 根据钢球尺寸构建物理模型，采用四面体网格划分。

(2) 对所建立的物理模型进行网格划分，定义边界，输出 mesh 文件。

(3) 导入 Fluent 软件中，并进行逐步设置。

① 阅读并检查网格质量。

② 缩放域：确保计算区域大小正确。

③ 选择模型：确定计算涉及的控制方程。

④ 定义与问题相关的实体和流体。

⑤ 定义每个分区的材质和源项。

⑥ 定义边界条件。

⑦ 确定算法和方案。

⑧ 初始化：设置初始条件。

⑨ 运行模拟：监控残差曲线和特定变量。

(4) 模拟后处理：分析钢球内部的温度场分布，将其记录在表 5-2 中，并绘制温度随时间的变化曲线。

(5) 模拟结束，改变边界条件进行另一种工况的计算与分析。

5.2.5 实验要求

（1）预习实验指导书，熟悉非稳态热传导的基本原理。

（2）熟悉所用材料的特性，熟悉无量纲参数：Bi_V 数、Fo_V 数。

（3）模拟设置须按照步骤依次进行，边界条件核对无误后再进行模拟计算。

（4）根据数值模拟结果，统计中心截面的平均温度 t，将其记录在表 5-4 中，并绘制温度随时间的变化曲线。

（5）采用集中参数法计算不同时刻的球体温度 t'，比较 t 与 t' 的差异，并将结果记录在表 5-4 中。

5.2.6 模拟数据记录

表 5-4　中心截面平均温度集中参数法与数值解法的比较

时间/s	100	200	570	1 000	2 000	6 000	10 000	…
集中参数法温度/℃								
数值解法温度/℃								
误差/℃								

5.2.7 绘制温度沿厚度方向的变化曲线

（1）工况 1

① 不同时刻过球心截面的温度分布云图。

② 钢球中心截面平均温度随时间的变化曲线。

（2）工况 2

① 不同时刻过球心截面的温度分布云图。

② 钢球中心截面平均温度随时间的变化曲线。

（3）工况 3

① 不同时刻过球心截面的温度分布云图。

② 钢球中心截面平均温度随时间的变化曲线。

5.4 竖壁凝结传热数值实验

竖壁凝结传热数值实验

竖壁倾斜现象在实际工程中普遍存在，如建筑物的墙壁、冷却塔的壁面等。凝结传热是竖壁倾斜过程中不可忽视的一种传热现象，对工程设备的运行和能源消耗有着重要影响。

竖壁凝结传热实验可以验证理论模型和计算方法的准确性，为实际工程应用提供理论依据；竖壁凝结传热实验可以帮助人们深入了解影响凝结传热的各种因素。例如，含不凝气体蒸汽凝结传热特性研究通过理论分析、数值模拟与实验研究相结合的方法，探讨了含不凝气体蒸汽凝结的传热传质特性和机理，对强化这一过程的传热具有重要的指导意义。竖壁凝结传热实验的结果可以直接应用于工程领域，指导设备的设计和运行。例如，在空调制冷、热力发电、海水淡化、工业余热回收等领域，竖壁凝结传热特性的研究对于提高设备效率和节能减排具有重要意义。

5.4.1 实验目的

（1）掌握凝结传热的基本原理。

（2）掌握不同工况条件下竖壁凝结传热问题的数值模拟与分析方法。

5.4.2 实验原理

蒸汽与低于饱和温度的壁面接触时有两种不同的凝结形式。如果凝结液体能很好地润湿壁面，它就在壁面上铺展成膜，这种凝结形式称为膜状凝结。膜状凝结时，壁面总是被一层液膜覆盖着，凝结放出的相变热（潜热）必须穿过液膜才能传到冷却壁面。这时，液膜层就成为传热的主要热阻。当凝结液体不能很好地润湿壁面时，凝结液体便在壁面上形成一个个小液珠，这种凝结形式称为珠状凝结。

无论是膜状凝结还是珠状凝结，凝结液体都是构成蒸汽与壁面交换热量的热阻载体。显然，将蒸汽与冷壁面隔开的液体层的面积越大、厚度越大，热阻就越大。

1916 年，努塞尔首先提出了纯净蒸汽层流膜状凝结的分析解。根据实际过程的特点，努塞尔为方便进行数学求解，作出了以下 8 个假设：① 常物性；② 蒸汽是静止的，气液界面上不存在对液膜的黏滞应力；③ 液膜的惯性力可以忽略；④ 气液界面上无温差，界面上液膜温度等于饱和温度；⑤ 膜内温度分布是线性的，液膜内的热量转移只有导热，而无对流作用；⑥ 液膜的过冷度可忽略；⑦ ρ_v 远大于 ρ_l，ρ_l 相对于 ρ_v 可忽略不计；⑧ 液膜表面平整无波动。

由纳维-斯托克斯方程（N-S 方程）可推导得出努塞尔建立的简化方程，进而得到液膜厚度 δ、局部表面传热系数 h_x 和整个壁面的平均表面传热系数 h_v，即

$$\delta=\left[\frac{4\eta_l\lambda_l(t_s-t_w)x}{g\rho_l^2 r}g\right]^{1/4} \tag{5-23}$$

$$h_x=\frac{\lambda_l}{\delta}\left[\frac{gr\lambda_l^3\rho_l^2}{4\eta_l(t_s-t_w)x}\right]^{1/4} \tag{5-24}$$

$$h_V=\frac{1}{l}\int_0^l h_x\mathrm{d}x=0.943\left[\frac{gr\lambda_l^3\rho_l^2}{\eta_l l(t_s-t_w)}\right]^{1/4} \tag{5-25}$$

式中，η_l 为饱和液体的动力黏度，单位为 Pa・s；λ_l 为液相导热系数，单位为 W/(m・k)；t_s 为饱和温度，单位为 K；t_w 为壁面温度，单位为 K；ρ_l 为饱和液体密度，单位为 kg/m^3；x 为重力方向的位置，单位为 m；g 为重力加速度，单位为 m/s^2；r 为汽化潜热，单位为 J/kg。

5.4.3 模拟对象

本次模拟以竖壁过热蒸汽凝结传热问题为研究对象。该竖壁模型可以简化为二维结构进行建模（为了给蒸汽一个固定的边界，此处建立一个方腔模型做数值计算），简化后的模型如图 5-4 所示。工质为过热状态的水蒸气，温度为 375.15 K。冷凝壁面温度恒定为 300 K，上壁面设定为质量流入口，下壁面设置为出口边界。相关物性参数参考 Fluent 数据库和 Nist 数据库。

变工况计算：改变边界条件，包括改变冷凝壁面恒定温度，改变入口质量流量，改变重力加

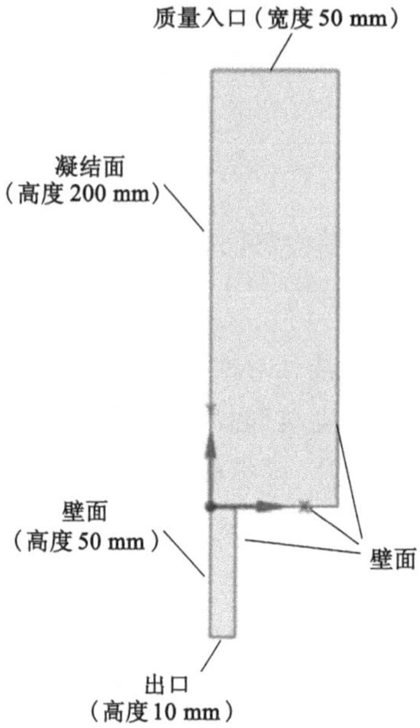

图 5-4　计算模型及条件

速度,以及改变冷凝模型(mixture 模型、VOF 模型)等进行多工况模拟,至少计算三种工况的数据。

5.4.4　模拟步骤

(1) 根据简化后的二维模型尺寸构建物理模型。

(2) 对所建立的物理模型进行网格划分,定义边界,输出 msh 文件。

(3) 导入 Fluent 软件中,确认是 2D 模型还是 3D 模型,并进行逐步设置。详细步骤如下所述。

① 阅读并检查网格尺寸、网格质量。

② 缩放域:确保计算区域大小正确。

③ 选择模型:确定计算涉及的控制方程。

④ 定义与问题相关的实体和流体。

⑤ 定义边界条件。

⑥ mixture 模型设定。

⑦ 求解方法设置。

⑧ 初始化:设置初始化条件。

⑨ 运行模拟:监控残差曲线和特定变量。

(4) 模拟后处理:分析凝结传热过程中的温度场分布,气体变为液体的过程,以及液相和气相的体积分数变化云图;读取对流传热系数(平均值)。

(5) 模拟结束后,改变边界条件进行另一种工况的计算与分析。

5.4.5　实验要求

(1) 预习实验指导书,熟悉凝结传热的基本原理和过程。

(2) 熟悉所用工质的热物性参数(表 5-5),尤其是密度、比热容、气相的标准状态焓。

(3) 模拟设置须按照步骤依次进行,边界条件核对无误后再进行模拟计算。

(4) 根据数值模拟结果,读取并分析温度场分布、壁面蒸气变为液体的过程以及液相和气相的体积分数变化云图。

(5) 读取对流传热系数(平均值),统计每种工况条件下冷却壁面的表面传热系数、热流密度 q,将其记录在表 5-6 中并与采用实验关联式计算的热流密度 q' 进行对比,分析存在误差的原因。

(6) 制作壁面液膜产生的动画。

(7) 比较不考虑重力和考虑重力两种情况下计算结果的差异。

(8) 思考强化凝结传热的基本原则和措施。

5.4.6 模拟数据记录

表 5-5 热物性参数

工质	饱和温度/K	状态	密度/ (kg/m^3)	比热容/ [J/(kg · K)]	导热系数/ [W/(m · K)]	黏度/ [kg/(m · s)]	标准状态焓/ [J/(k · mol)]
		液相					
		气相					

表 5-6 模拟数据记录

工况	工质	壁面温度/ K	冷凝 壁面长度 /mm	入口宽度 /mm	入口质量流量/ (kg/s)	壁面表面 传热系数/ ($W/m^2 \cdot K$)	热流密度/ (W/m^2)
1							
2							
3							
…							

5.5 方腔内沸腾传热数值实验

方腔内沸腾传热数值实验

5.5.1 实验目的

(1) 掌握沸腾传热的基本原理。

(2) 掌握不同工况条件下的方腔简化模型内相变传热问题的模拟与分析方法。

5.5.2 实验原理

对流传热是在流体流动过程中发生的热量传递现象。虽然液体和气体中热传递的主要方式是对流传热,但也常伴有热传导。对流传热仅发生于流体中,它是指由于流体的宏观运动使流体各部分之间发生相对位移而导致的热量传递过程。由于流体间各部分是相互接触的,除了流体的整体运动所带来的热对流之外,还伴生有流体的微观粒子运动造成的热传导。在实际工程中，常见的对流传热是指流体流经固体表面时的热量传递过程。

通常，对流传热按照产生的原因不同，分为自然对流传热和强制对流传热两种；根据流动状态不同，可分为层流传热和湍流传热；根据传热过程中有无相变，可分为相变传热与单相传热，其中流体从液态变为气态的相变传热又分为蒸发传热和沸腾传热。

沸腾传热是指热量从壁面传给液体并使液体沸腾气化的对流传热过程。化工生产中常用的蒸发器、再沸器和蒸汽锅炉，都是通过沸腾传热来产生蒸汽的。按液体所处的空间位置不同，沸腾可以分为：① 池内沸腾，又称大容器内沸腾。此种沸腾的液体处于受热面一侧的较大空间中，依靠气泡的扰动和自然对流而流动。② 管内沸腾。其是指液体以一定流速流经加热管时所发生的沸腾现象，这时所生成的气泡不能自由上浮，而是与液体混在一起，形成管内气液两相流，如蒸发器加热管内溶液的沸腾等。

对于水，米海耶夫推荐的在 $10^5 \sim 4\times10^6$ Pa 压力下大容器饱和沸腾传热表面传热系数 h 的计算式为：

$$h = C_1 \Delta t^{2.33} p^{0.5} \tag{5-26}$$

式中，C_1 为 0.122 $W/(m \cdot N^{0.5} \cdot K^{3.33})$；$p$ 为沸腾绝对压力，单位为 Pa；Δt 为壁面过热度，单位为 ℃。

按照 $q = h\Delta t$ 的关系，上式亦可以转换成：

$$h = C_2 q^{0.7} p^{0.15} \tag{5-27}$$

式中，$C_2 = 0.533\ W^{0.3}/(m^{0.3} \cdot N^{0.5} \cdot K^{3.33})$，$q$ 为热流密度，单位为 W/m^2。

5.5.3 模拟对象

本实验以方腔内饱和水沸腾传热问题为研究对象，为了方便计算，将其简化为二维结构进行建模和数值计算。简化后的模型如图 5-5 所示。其长度为 5 mm，高度为 10 mm。方腔内的工作物质为饱和状态的水，水温 373.15 K。下壁面壁温恒定为 473.15 K，上壁面设定为压力出口。在进行模拟的过程中，工质可以换为制冷剂、不同状态的水等，某个压力下的饱和温度、热物性参数可通过查表获得。

变工况计算：改变方腔尺寸；改变边界条件，包括改变壁面加热温度、热源形式（恒壁温变为恒热流密度）；变工质（R410a 制冷剂、甲烷、氨气等工质，需要查所用工质对应压力下的饱和温度）；进行多工况模拟，至少计算三种工况的数据。

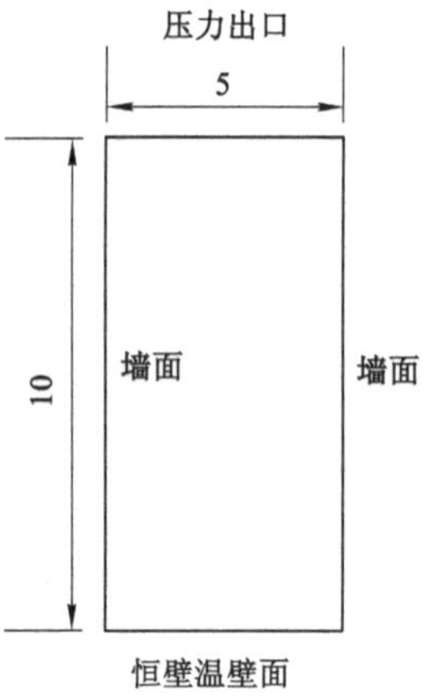

图 5-5　计算模型及条件

5.5.4 模拟步骤

（1）根据方腔的简化模型，构建物理模型。

（2）对所建立的物理模型进行网格划分，定义边界，输出 msh 文件。

（3）导入 Fluent 软件中，并进行逐步设置。

① 阅读并检查网格尺寸、网格质量。

② 缩放域：确保计算区域大小正确。

③ 选择模型：确定计算涉及的控制方程。

④ 定义与问题相关的实体和流体。

⑤ 定义边界条件。

⑥ 设定 VOF 模型。

⑦ 设置求解方法。

⑧ 初始化：设置标准初始化条件。

⑨ 运行模拟：监控残差曲线和特定变量。

(4) 模拟后处理：分析沸腾传热过程中的温度场分布，液体变为气体的过程，以及液相和气相的体积分数变化云图；读取对流传热系数(平均值)。

(5) 模拟结束后，改变边界条件进行另一种工况的计算与分析。

5.5.5　模拟实验要求

(1) 预习实验指导书，熟悉沸腾传热的基本原理和过程。

(2) 熟悉所用工质的热物性参数(表 5-7)，尤其是密度、比热容、气相的标准状态焓。

(3) 模拟设置须按照步骤依次进行，边界条件核对无误后再进行模拟计算。

(4) 根据数值模拟结果，读取并分析温度场分布、液体变为气体的过程以及液相和气相的体积分数变化云图。

(5) 读取对流传热系数(平均值)，统计每种工况条件下的出口温度、表面传热系数、热流密度，计算热流密度 q，将其记录在表 5-8 中并与采用实验关联式计算的结果进行对比，分析存在误差的原因。

(6) 比较不考虑重力和考虑重力两种情况下计算结果的差异。

(7) 思考强化沸腾传热的基本原则和措施。

5.5.6　模拟数据记录

表 5-7　热物性参数

工质	饱和温度/K	状态	密度/(kg/m³)	比热容/[J/(kg·K)]	导热系数/[W/(m·K)]	黏度/[kg/(m·s)]	标准状态焓/[J/(kmol)]
		液相					
		气相					

表 5-8　模拟数据记录表

工况	工质	壁面温度/K	冷凝壁面长度/mm	入口宽度/mm	入口质量流量/(kg/s)	壁面表面传热系数/(W/m²·K)	热流密度/(W/m²)
1							
2							
3							
…							

参考文献

[1] B・A・奥西波娃.传热学实验研究[M].北京:高等教育出版社,1982.

[2] 梁金广.热与流体课程实验[M].北京:机械工业出版社,2023.[3] 孟繁锐，邹晓彬. 热工测量仪表同步导学[M].北京:冶金工业出版社,2024.

[4] 任俊英,刘洋.热工仪表测量与调节[M].北京:北京理工大学出版社,2014.

[5] 时海刚.热工仪表及控制[M].北京:中国电力出版社,2016.

[6] 陶文铨. 传热学[M].5 版.北京:高等教育出版社,2019.

[7] 王云峰,罗熙,李国良,等.热工测量及热工基础实验[M].合肥:中国科学技术大学出版社,2018.

[8] 袁艳平,曹晓玲,孙亮亮.工程热力学与传热学实验原理与指导[M].北京:中国建筑工业出版社, 2013.

[9] 张国磊.工程热力学实验[M].哈尔滨:哈尔滨工程大学出版社,2012.

[10] 张华，赵文柱. 热工测量仪表[M].北京:冶金工业出版社,2013.

附　　录

1. 多层平壁稳态导热数值实验的模拟步骤

(1) 启动 Fluent,如附图 1-1 所示,读取网格文件并进行逐步设置。

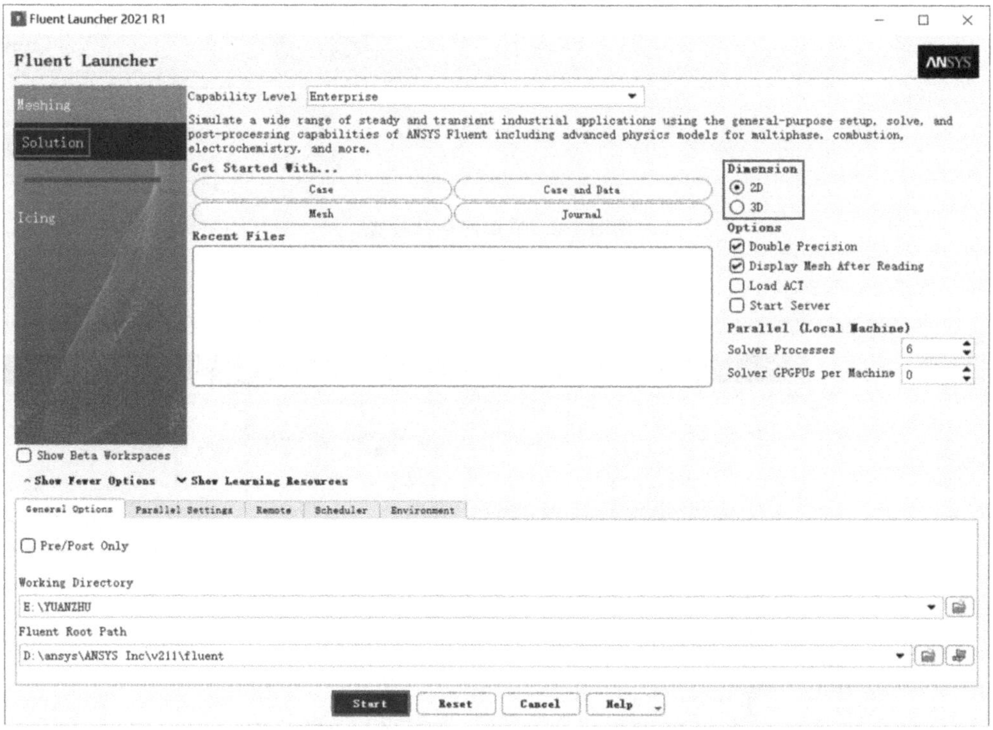

附图 1-1　打开 Fluent

(2) 读取网格,如附图 1-2 所示。

(3) 缩放域:检查计算对象的大小及单位,如果模型范围需要修改,可通过 Scaling 实现,如附图 1-3 所示。

(4) 检查网格,查看网格质量,如附图 1-4 所示。

(5) 设置求解器,包括稳态、基于压力的方式等,如附图 1-5 所示。

(6) 选择模型:确定计算涉及的控制方程,激活 energy 方程,如附图 1-6 所示。

(7) 调用、定义材质:准备与问题相关的实体信息,如附图 1-7 和附图 1-8 所示。

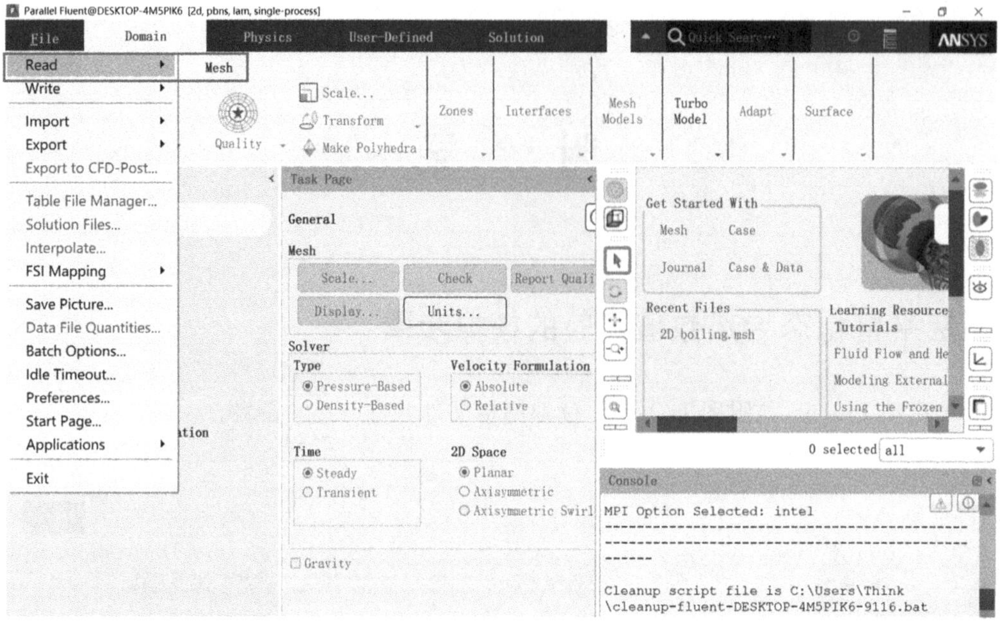

附图 1-2　读取网格并检查

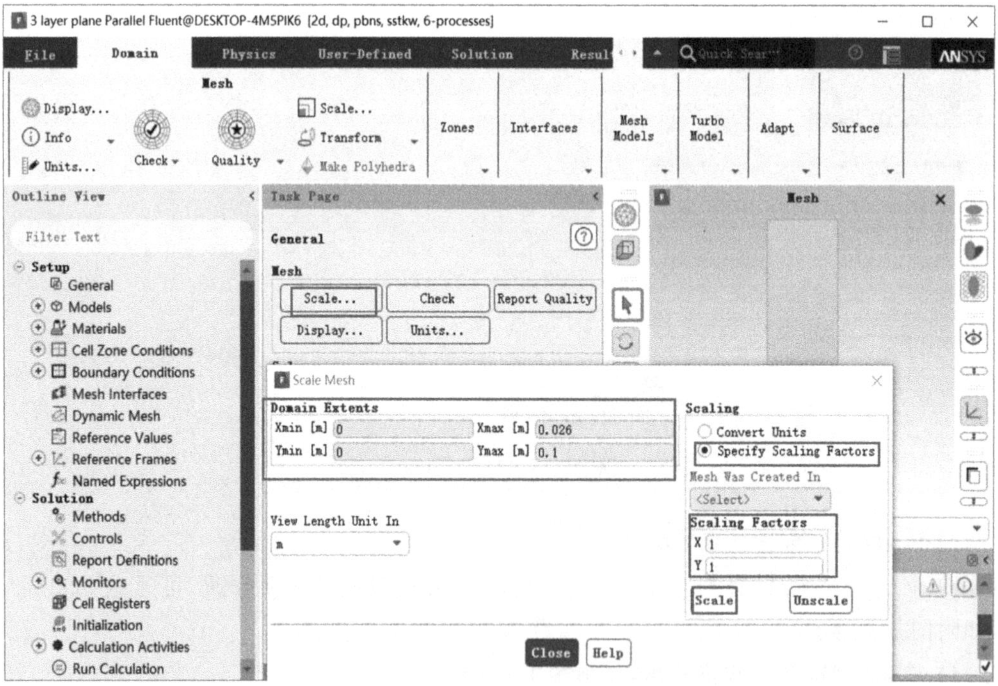

附图 1-3　区域范围核对与单位核对

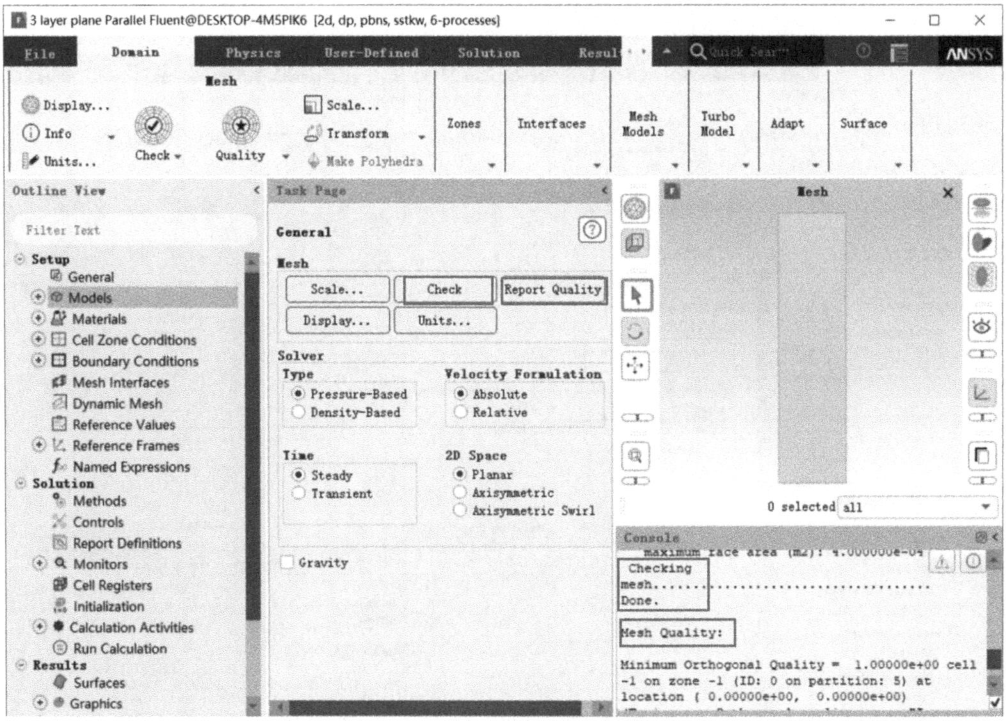

附图 1-4　检查网格质量

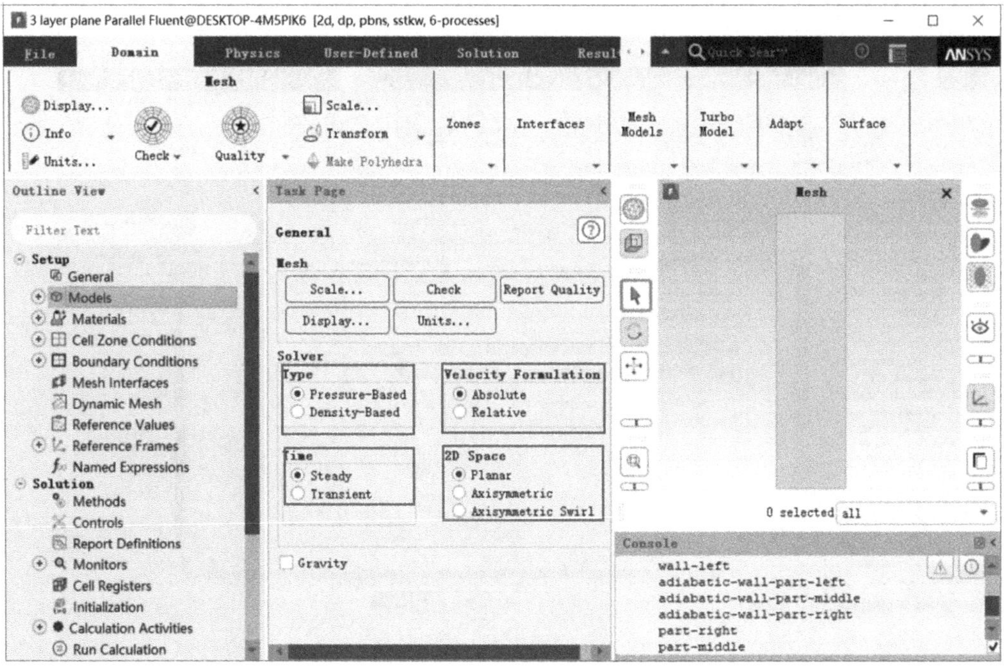

附图 1-5　设置求解器

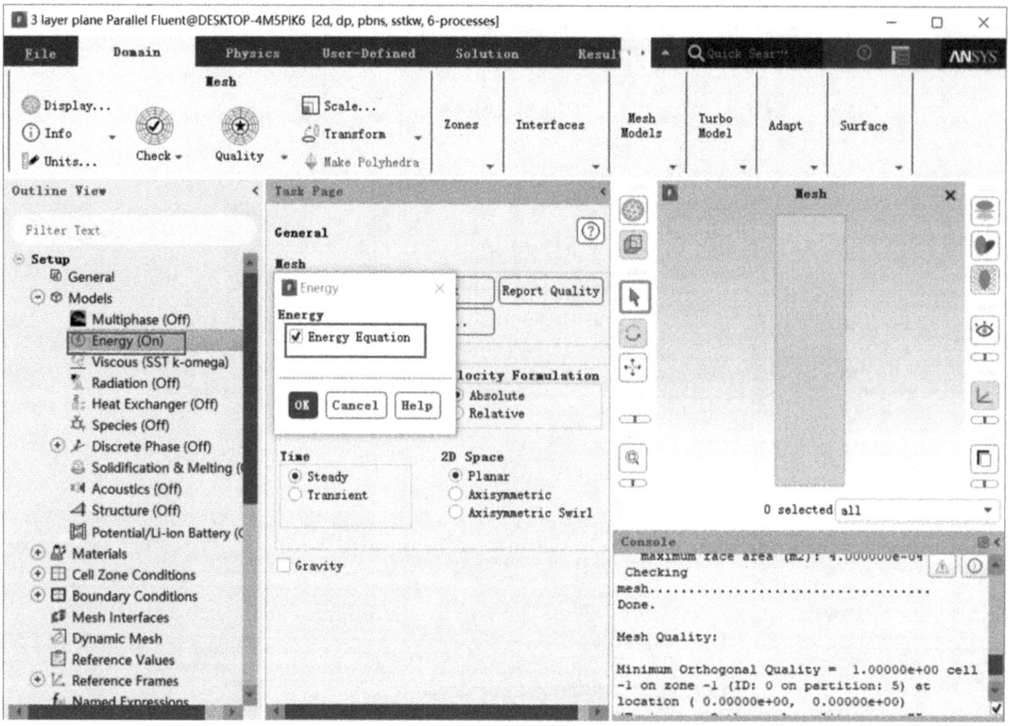

附图 1-6　选择模型

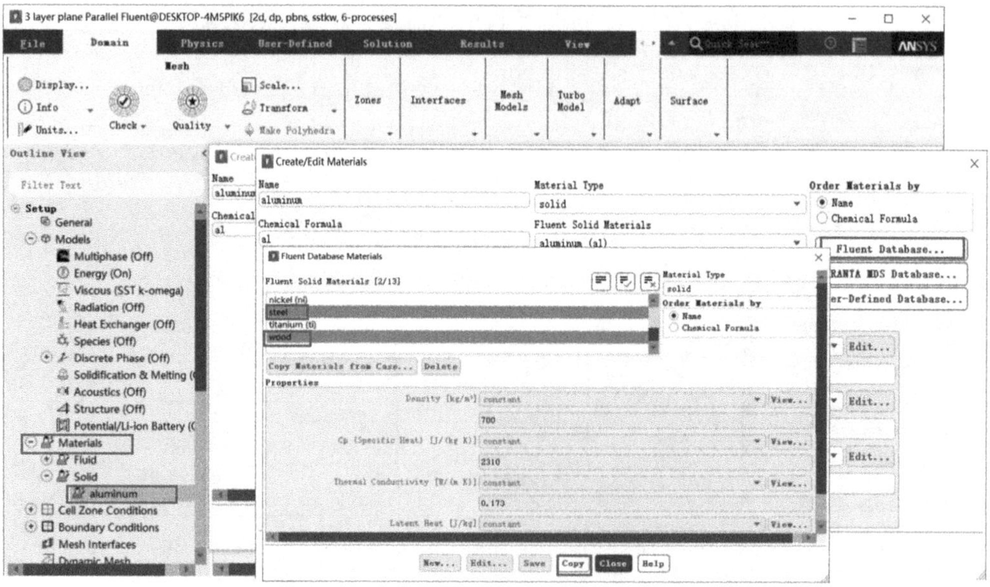

附图 1-7　设置材质界面与调用库中材料

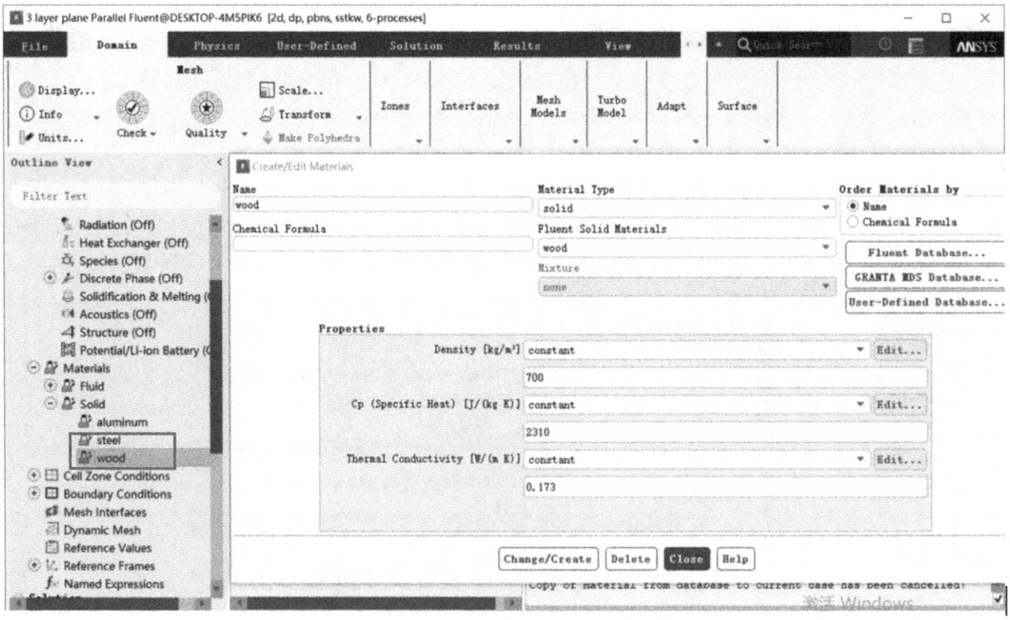

附图 1-8　材料准备

(8) 定义分区参数,如附图 1-9 所示,每个分区填充不同材质以构造多层平壁,如附图 1-10 所示。

附图 1-9　分区选择

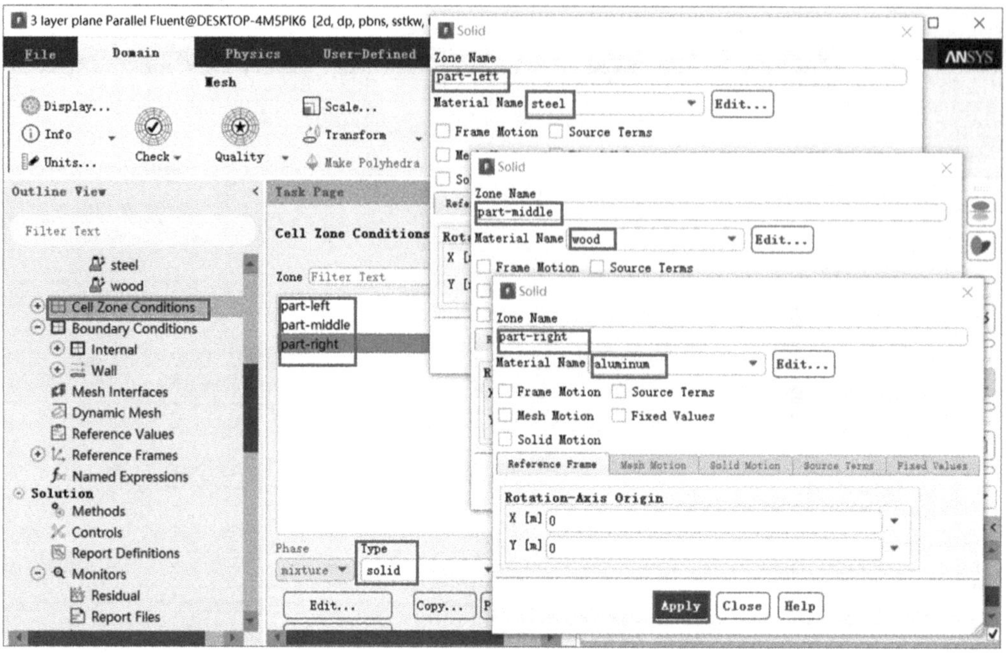

附图 1-10　定义分区的材质和源项

(9) 定义边界条件:须核对边界并设置边界条件,如附图 1-11、附图 1-12 所示。

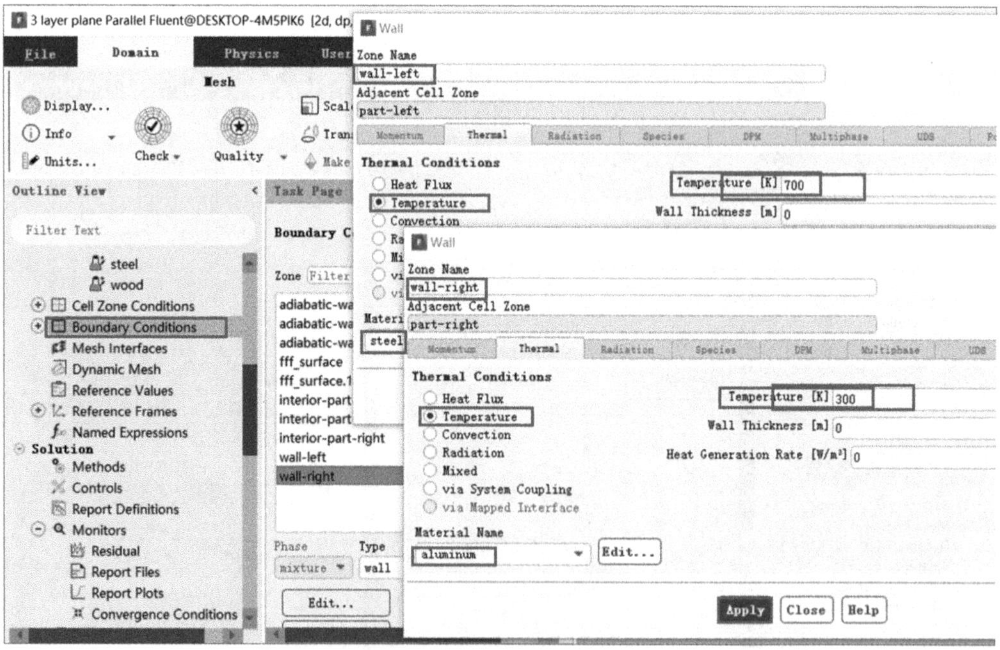

附图 1-11　边界条件设置

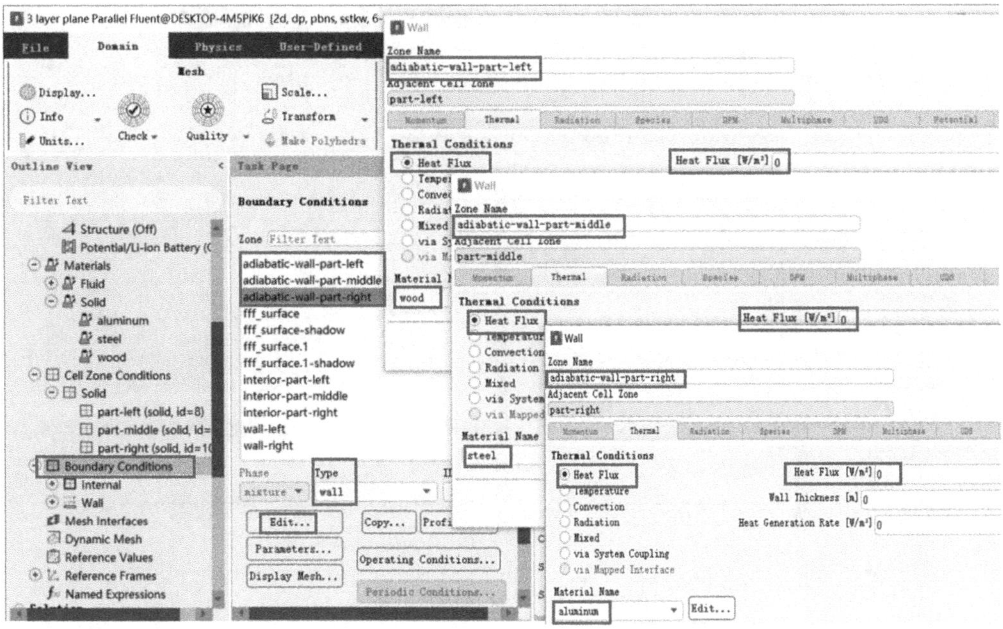

附图 1-12　定义边界条件

（10）求解方法设置如附图 1-13～附图 1-15 所示。

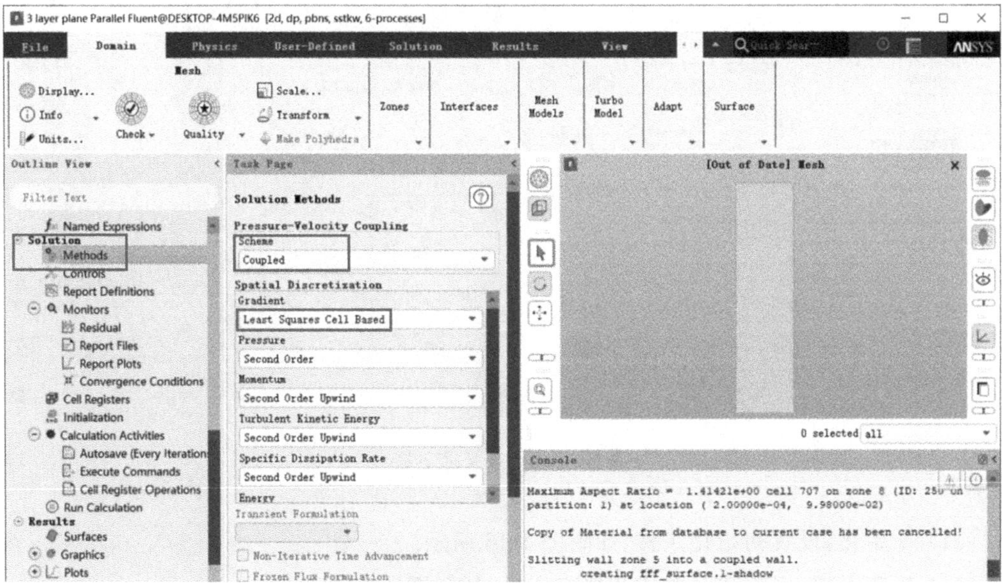

附图 1-13　计算方法设置

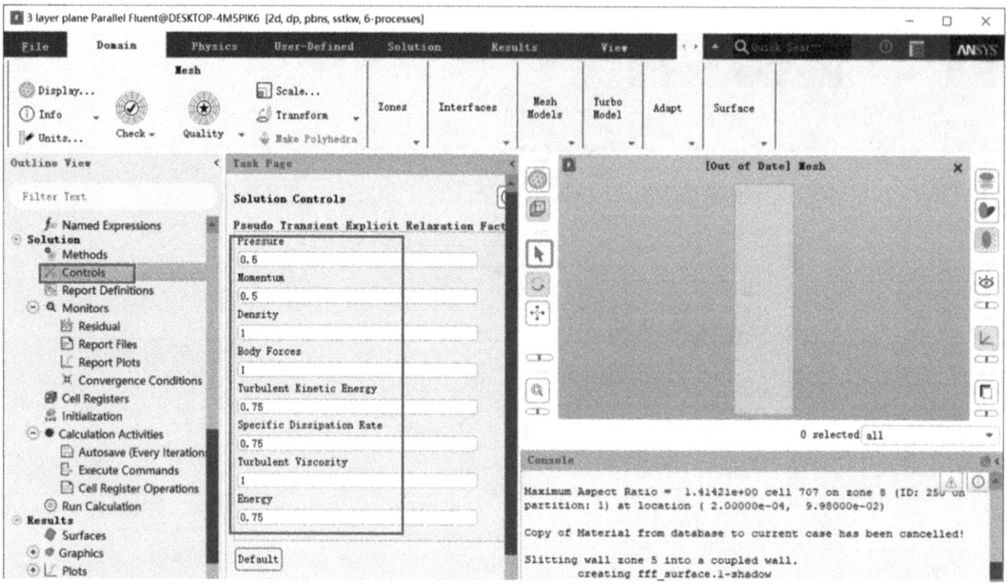

附图 1-14 设置算法和方案

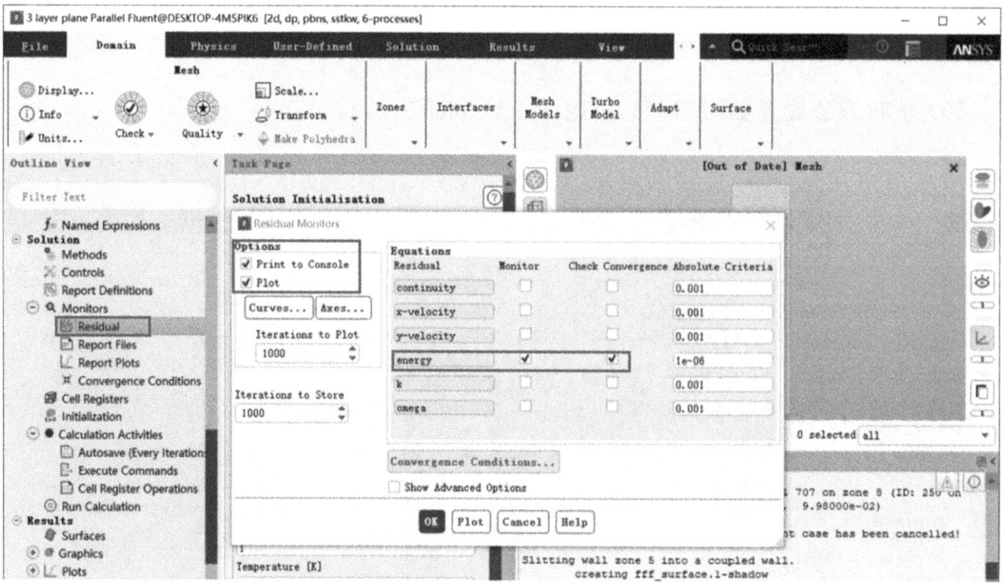

附图 1-15 定义监测线

(11) 初始化:设置初始化条件,如附图 1-16 所示。

(12) 运算设置,观察残差曲线和特定变量,如附图 1-17 所示。

(13) 保存 case 和 data 并运行,如附图 1-18 所示。

(14) 模拟后处理:分析多层平壁的温度分布情况,如附图 1-19 所示;绘制沿壁面厚度方向温度的变化曲线,统计壁面温度、计算热流密度等,如附图 1-20 和附图 1-21 所示。

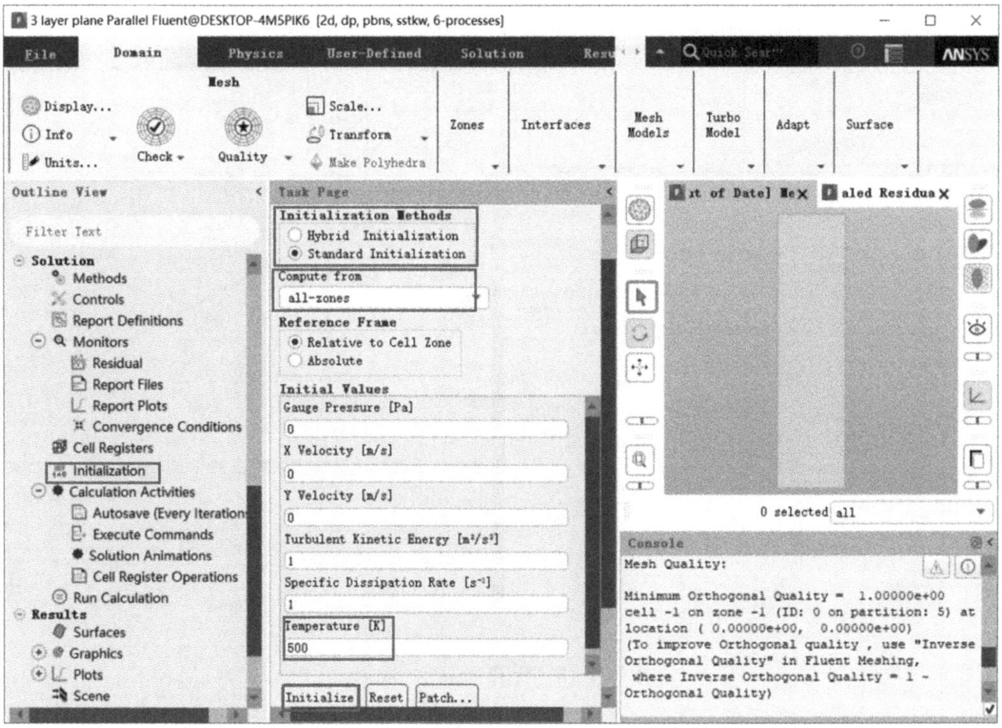

附图 1-16　设置初始化条件

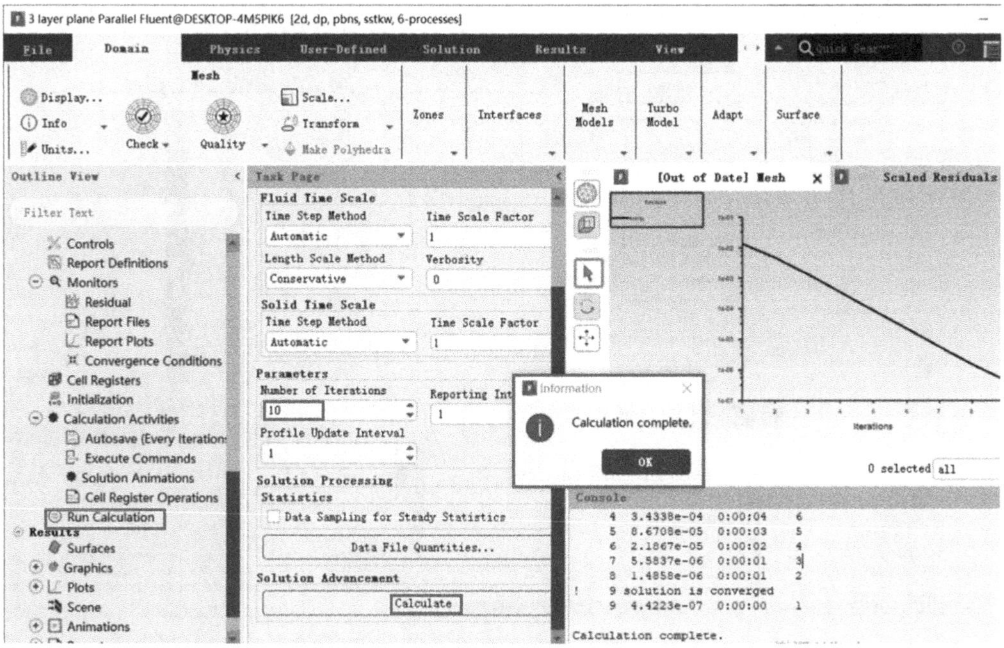

附图 1-17　运算设置

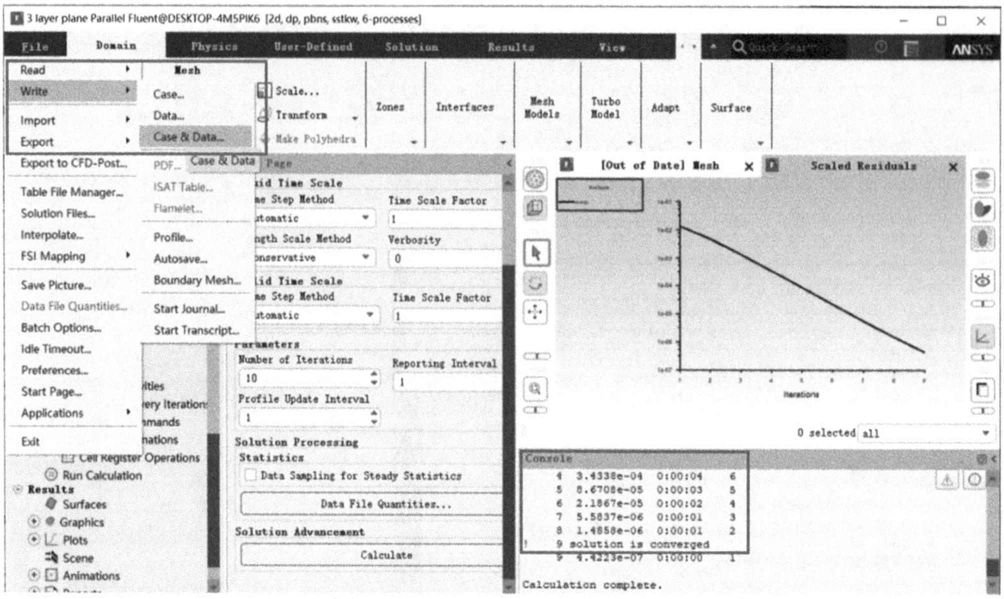

附图 1-18　保存 case 和 data

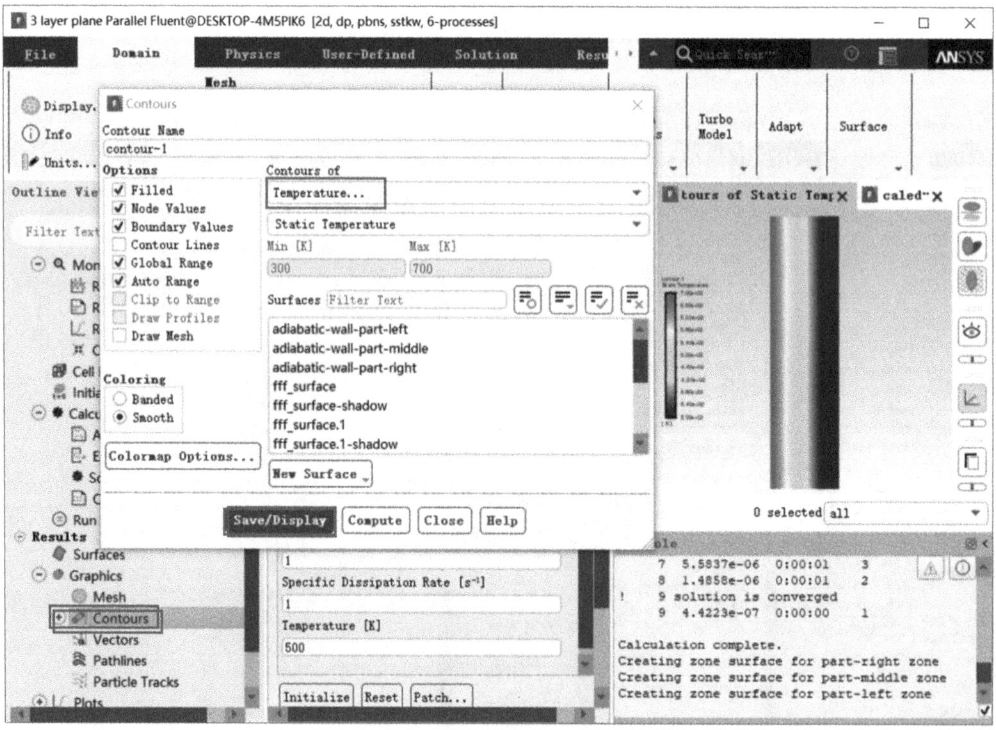

附图 1-19　多层平壁的温度分布云图

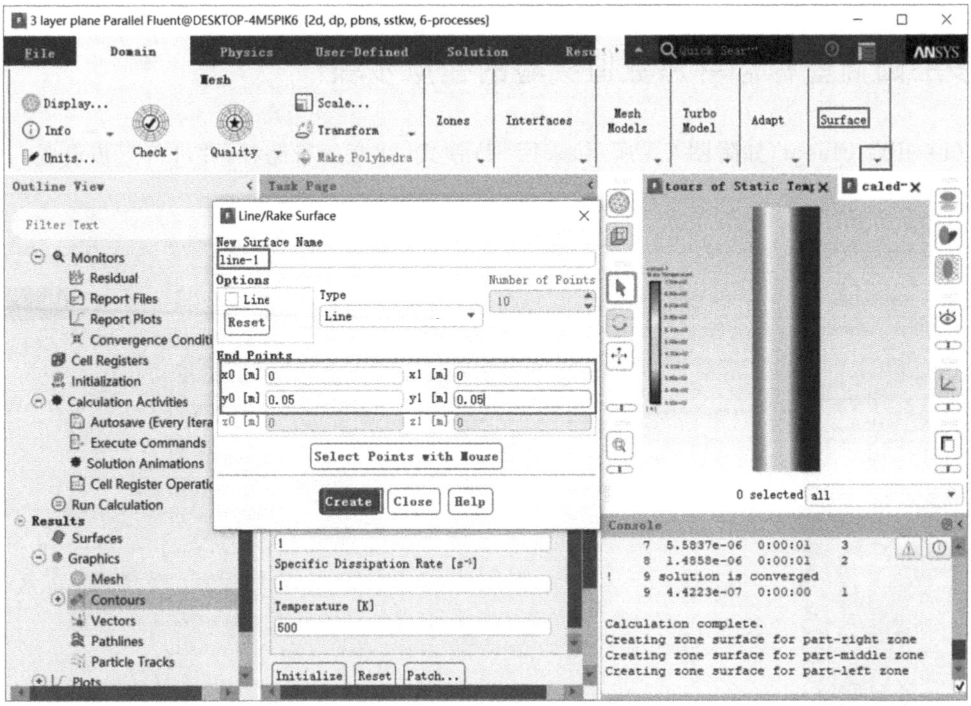

附图 1-20　定义监测线(X 方向)

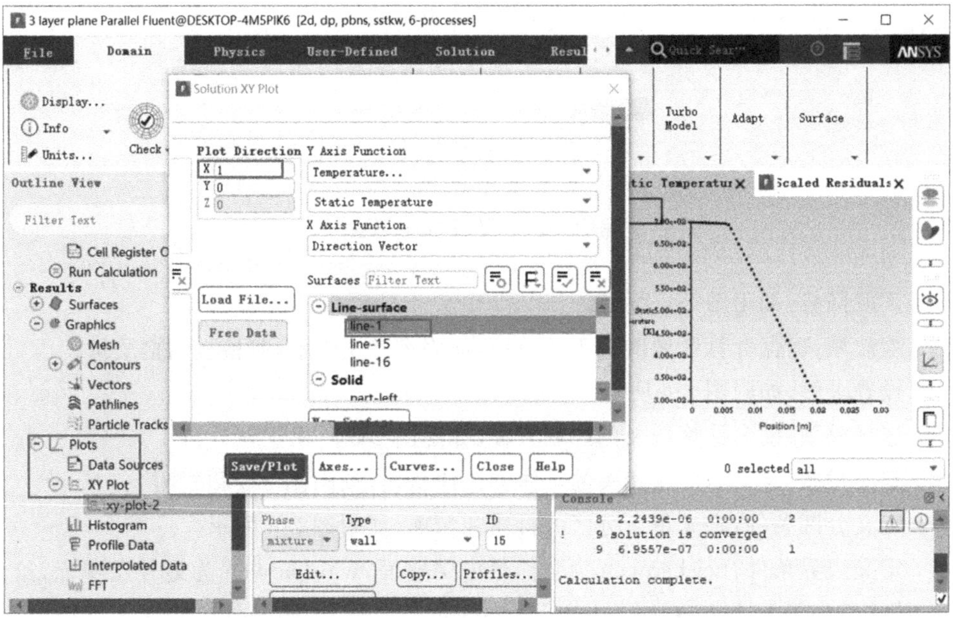

附图 1-21　沿壁面厚度(监测线)方向的温度变化曲线

(15) 模拟结束,改变边界条件进行另一种工况的计算与分析。

2. 多层圆筒壁稳态导热数值实验的模拟步骤

(1) 开启 Fluent,如附图 2-1 所示,采用 3D 模式,注意运行路径,并进行逐步设置。

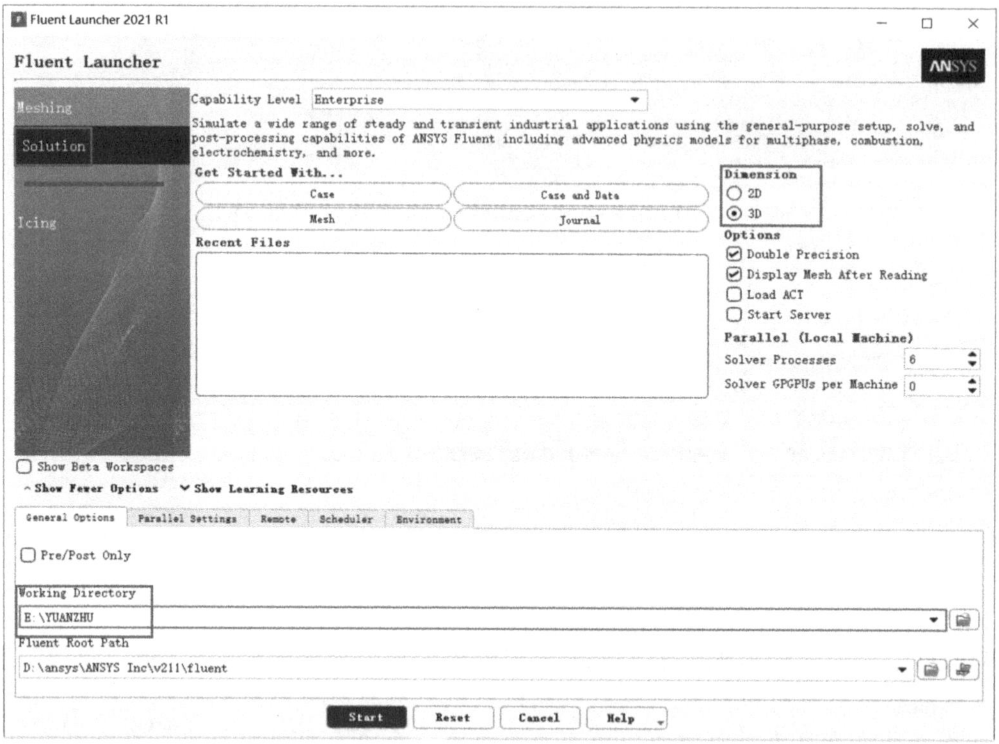

附图 2-1 打开 Fluent 软件

(2) 读取网格,如附图 2-2 所示。

(3) 缩放域:确保计算区域的大小及单位,如附图 2-3 所示,并检查网格质量。

(4) 设置求解,如附图 2-4 所示。

(5) 选择模型:确定计算涉及的控制方程,如附图 2-5 所示。

(6) 定义材质:定义与问题相关的实体和流体材质,如附图 2-6 和附图 2-7 所示。

(7) 定义分区条件:定义每个分区的材质和源项,如附图 2-8 所示。

(8) 定义边界条件:nei-baowen 为圆筒最内层壁面,wai-baowen 为最外层壁面,给定其温度,如附图 2-9 所示;baowen-s-x-1 和 baowen-s-x-2 分别为圆筒外(内)层上下面,可将其视为绝热面,如附图 2-10 所示;zhong-baowen 为两层保温层的交界面,定义为内部边界,如附图 2-11 所示。

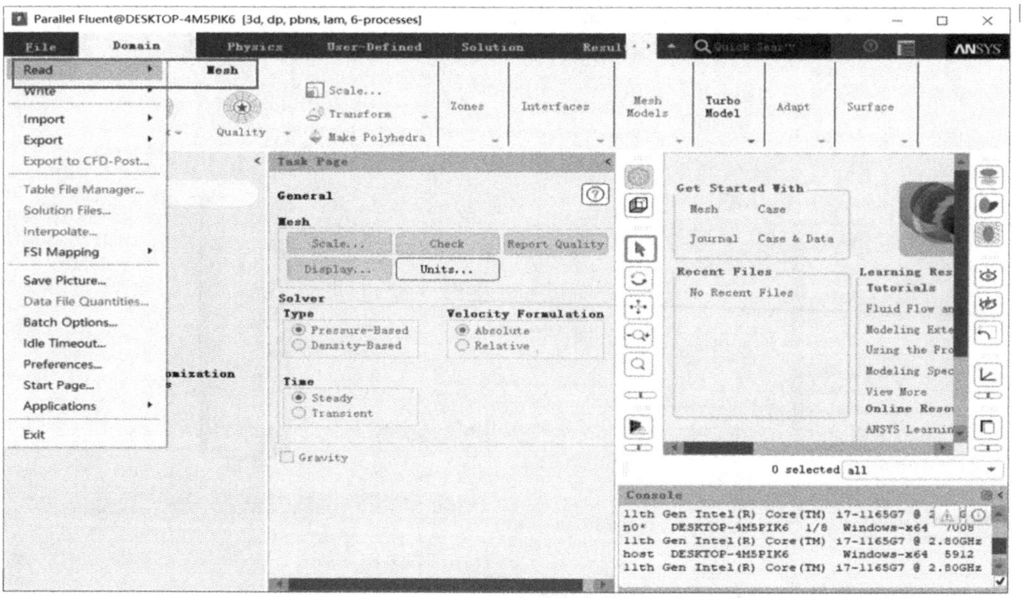

附图 2-2　选择 mesh 读取网格

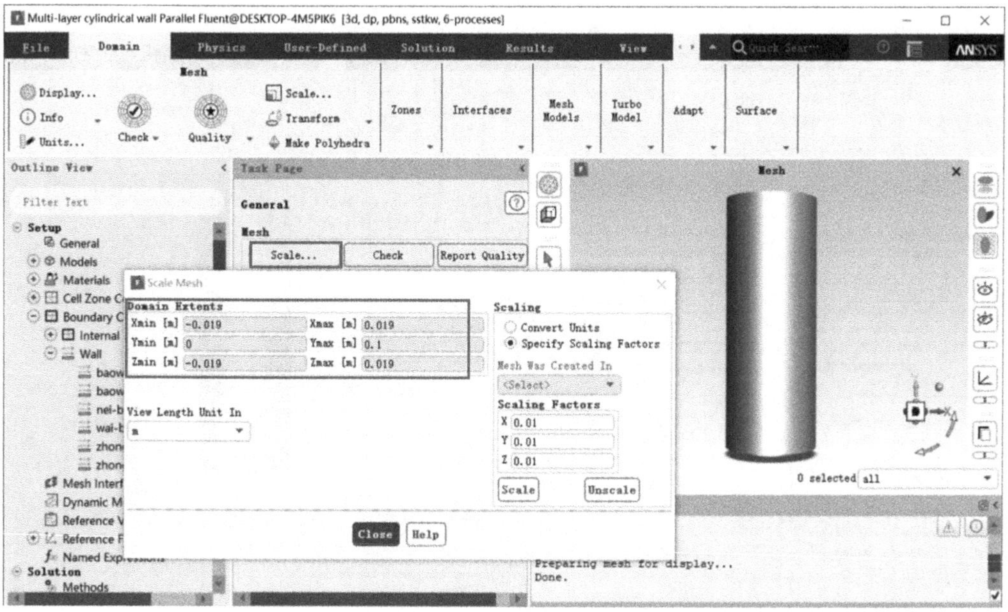

附图 2-3　区域范围核对与单位核对

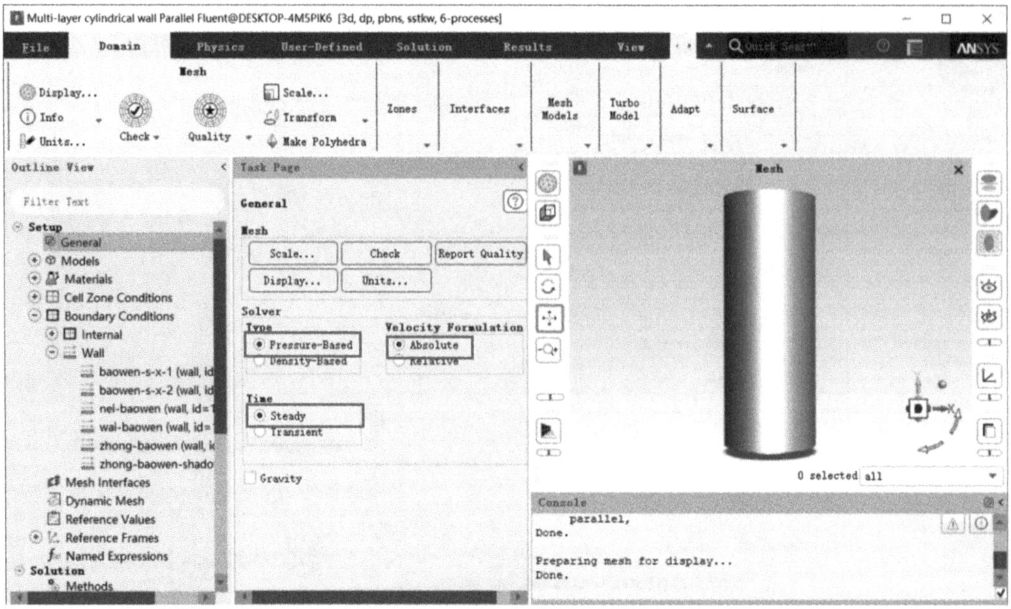

附图 2-4　求解器设置

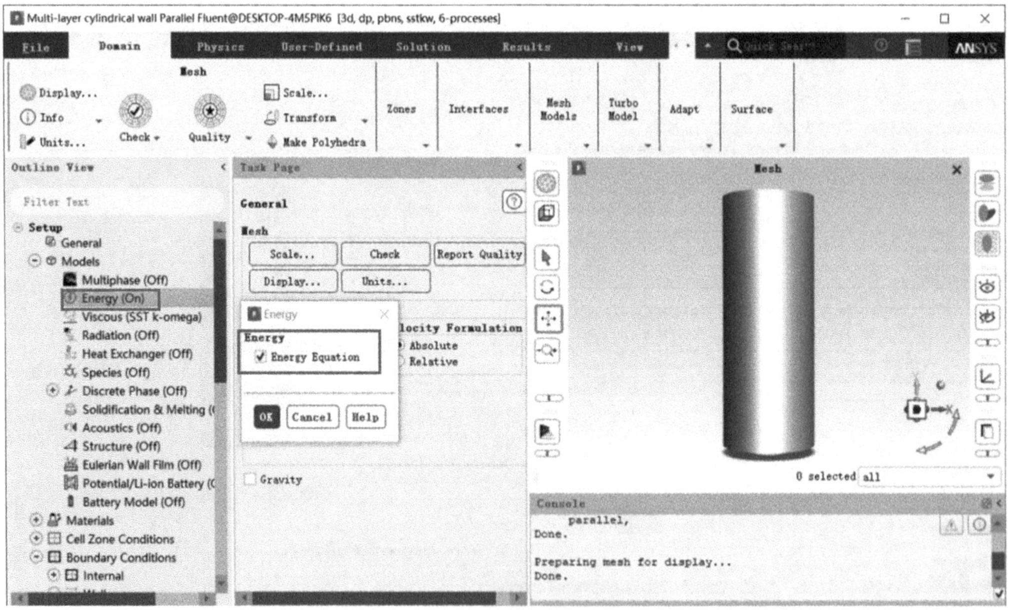

附图 2-5　选择模型

附图 2-6　调用材料

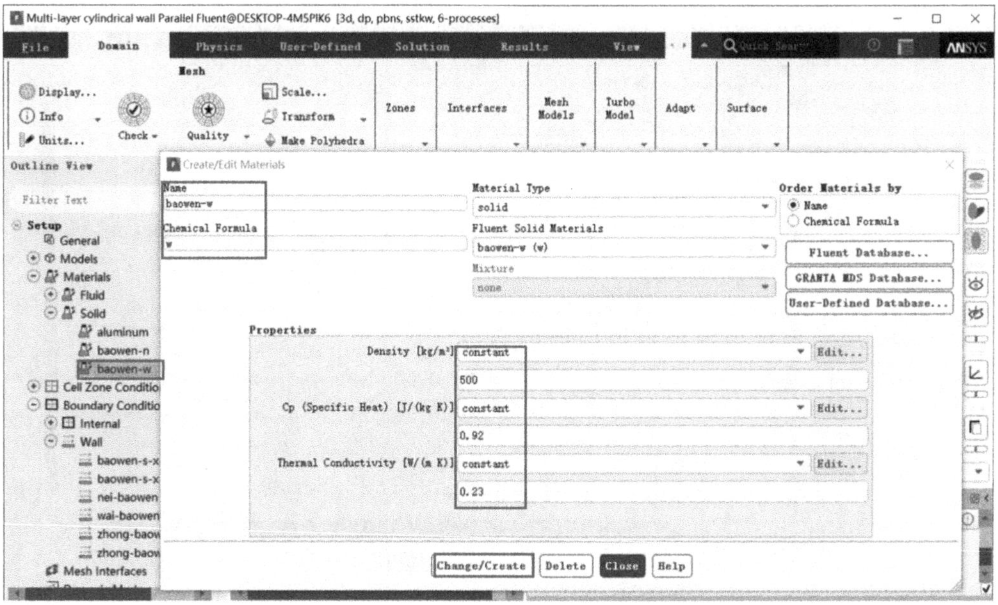

附图 2-7　调用材料并修改参数

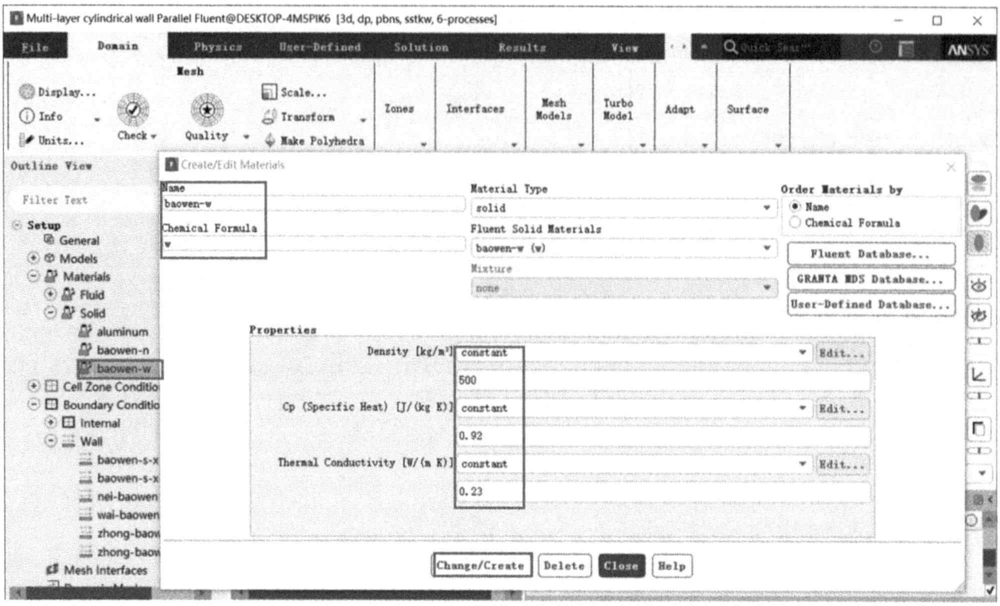

附图 2-8　定义分区的材质和源项

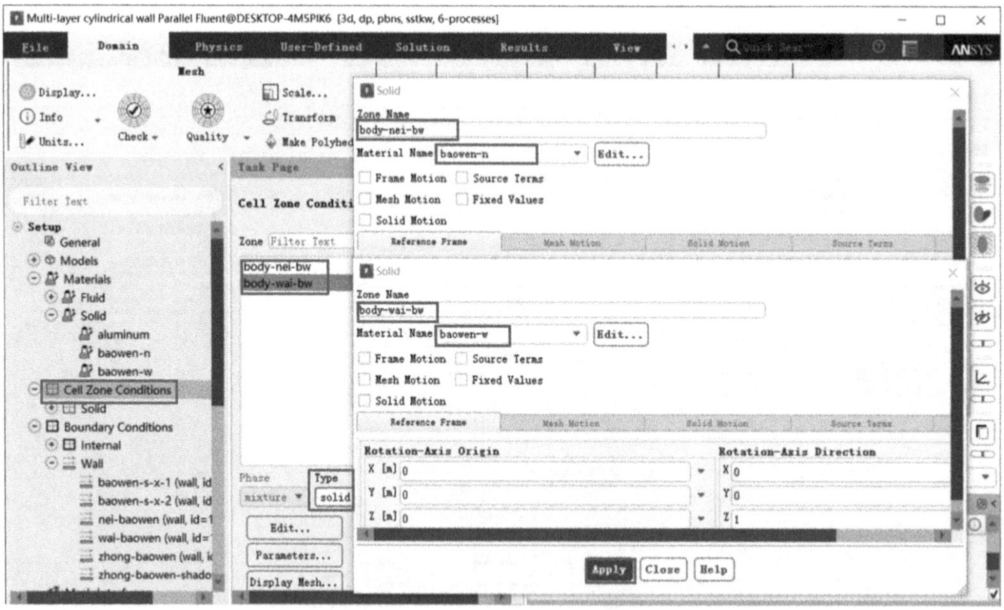

附图 2-9　边界设置(1)

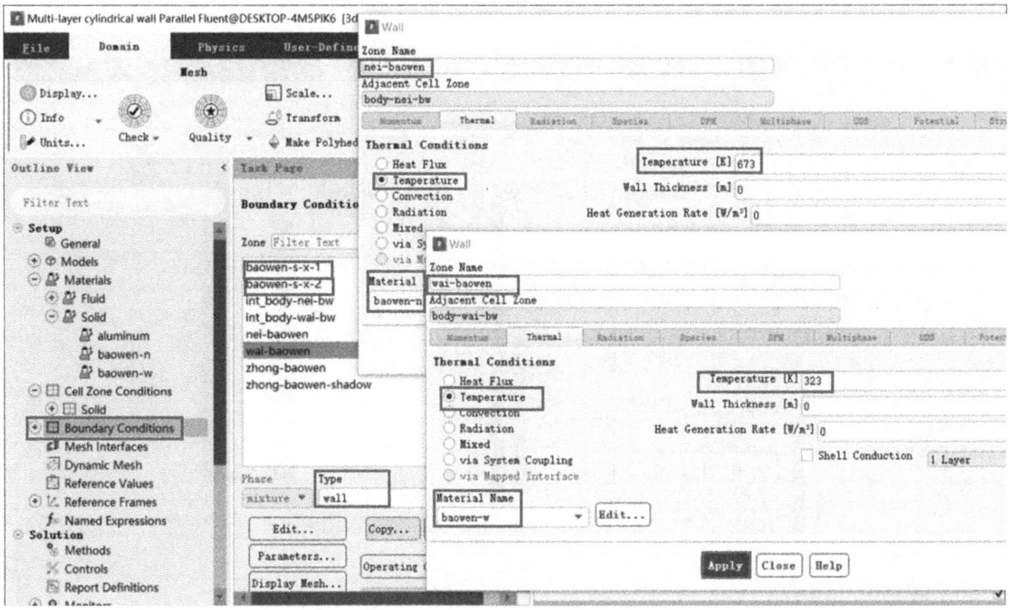

附图 2-10　边界设置(2)

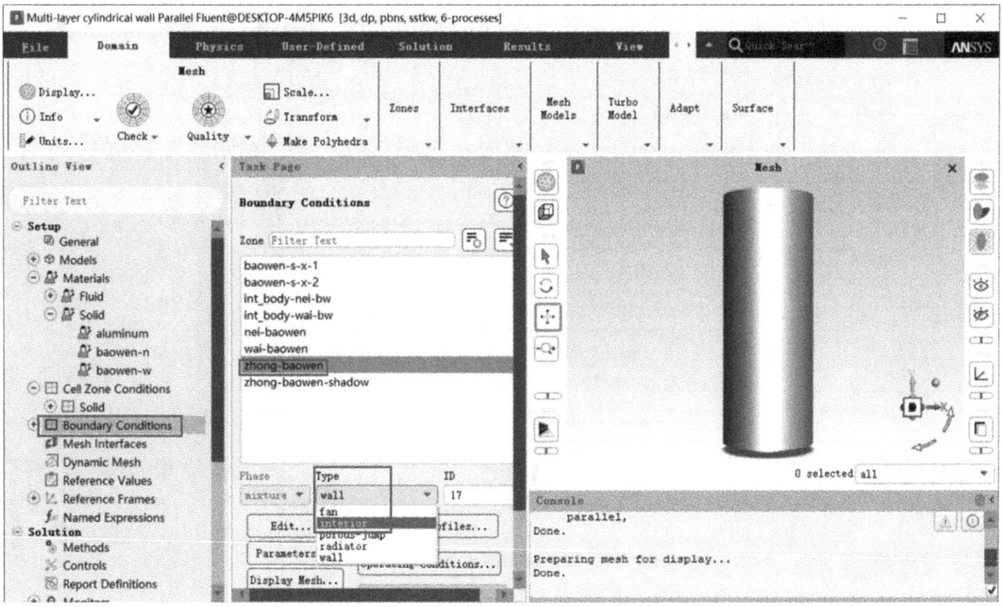

附图 2-11　定义边界条件

（9）设置求解方法和定义监测线，分别如附图 2-12、附图 2-13 所示。

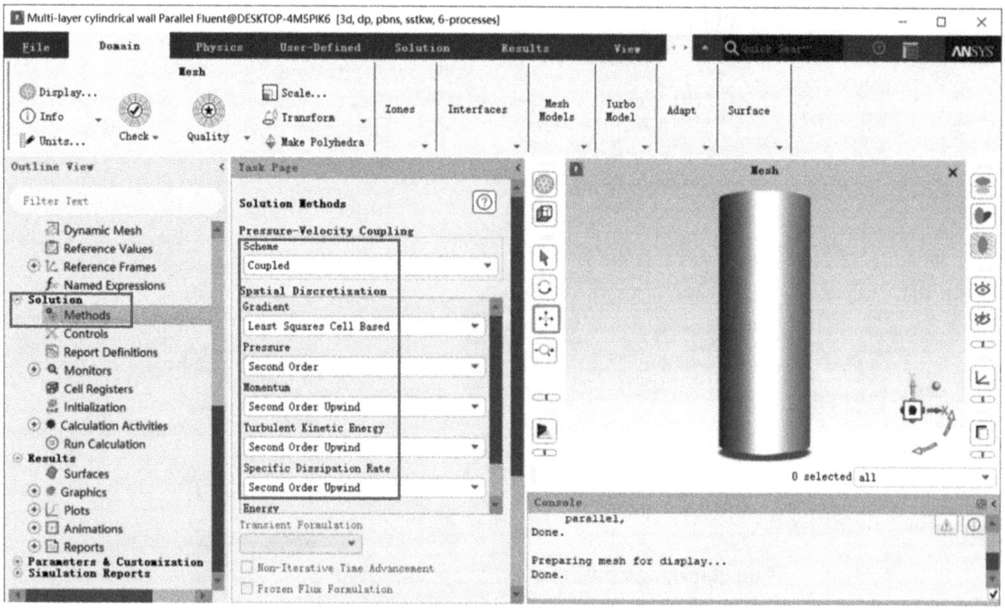

附图 2-12　设置求解方法

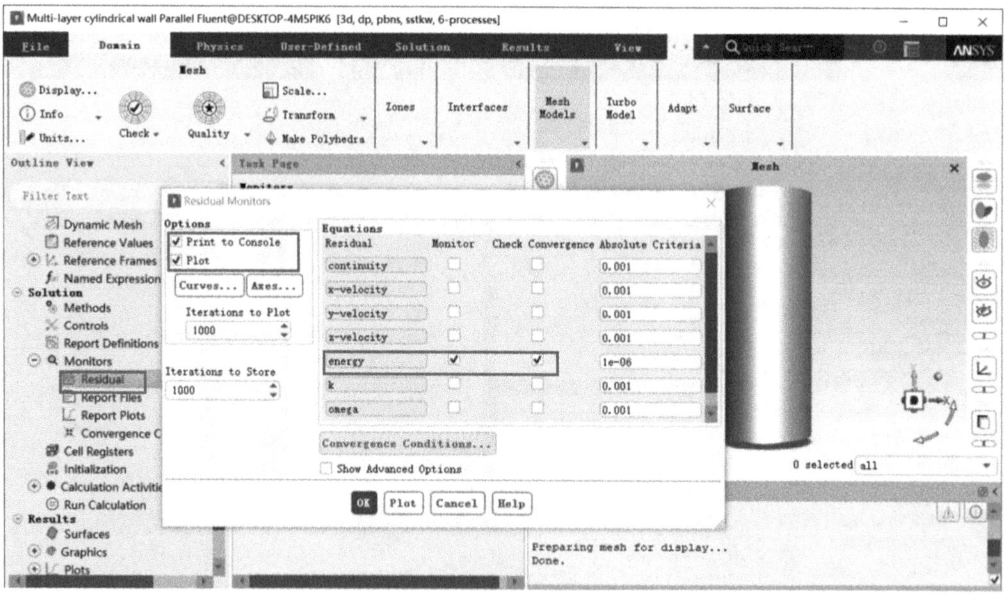

附图 2-13　定义监测线

（10）初始化设置，注意初始温度，如附图 2-14 所示。

（11）模拟计算及其设置，如附图 2-15 所示。

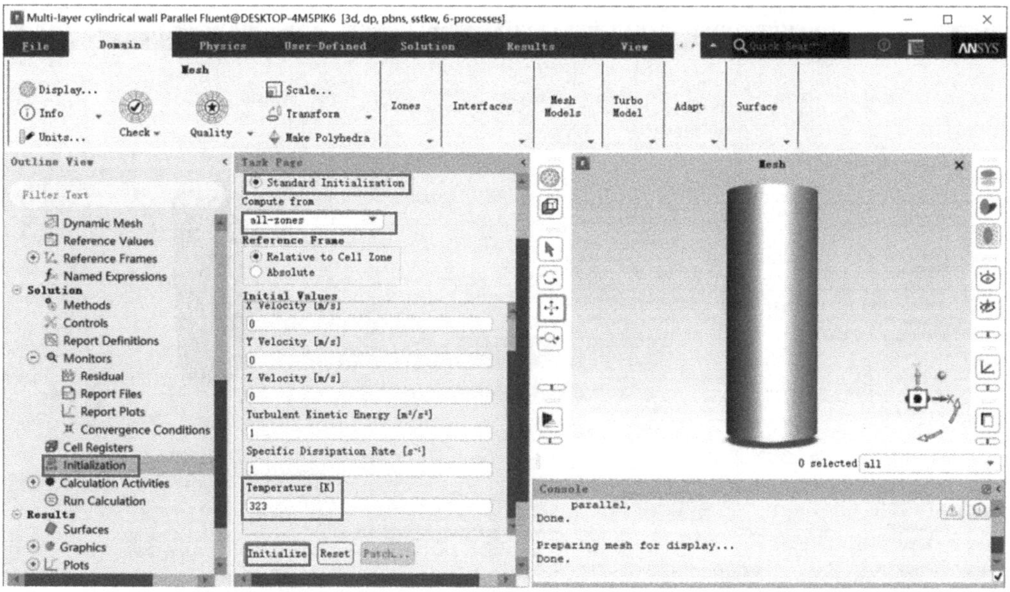

附图 2-14　初始化设置

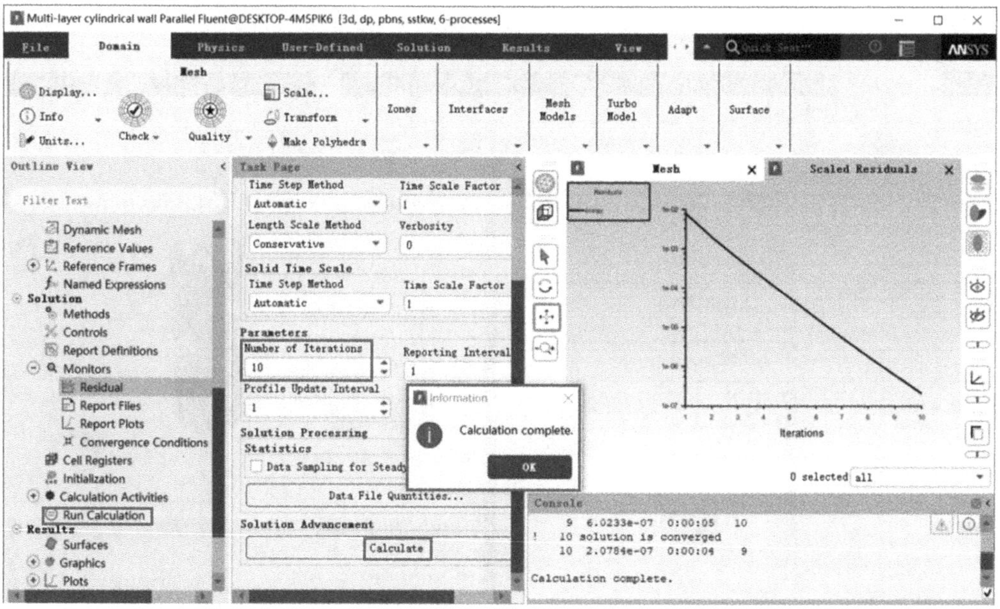

附图 2-15　运行计算

(12) 模拟后处理:分析内外壁层温度分布情况,如附图 2-16 所示。

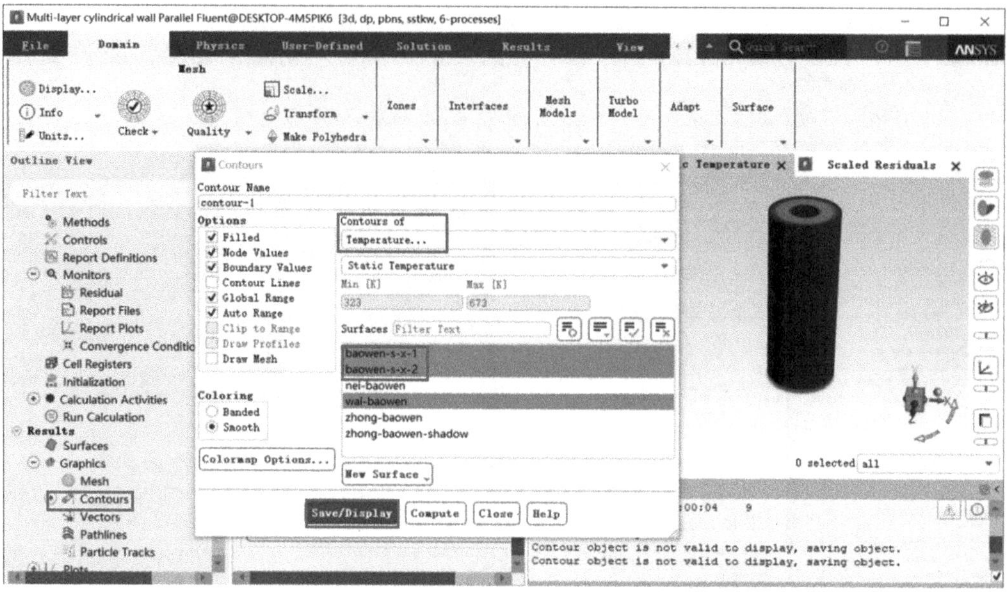

附图 2-16　内外壁层温度分布

(13) 观察圆筒壁外围的温度分布情况,其云图如附图 2-17 所示。圆筒壁沿厚度方向的温度变化云图如附图 2-18 所示。统计圆筒壁沿厚度方向的温度变化曲线,如附图 2-19 和附图 2-20 所示。

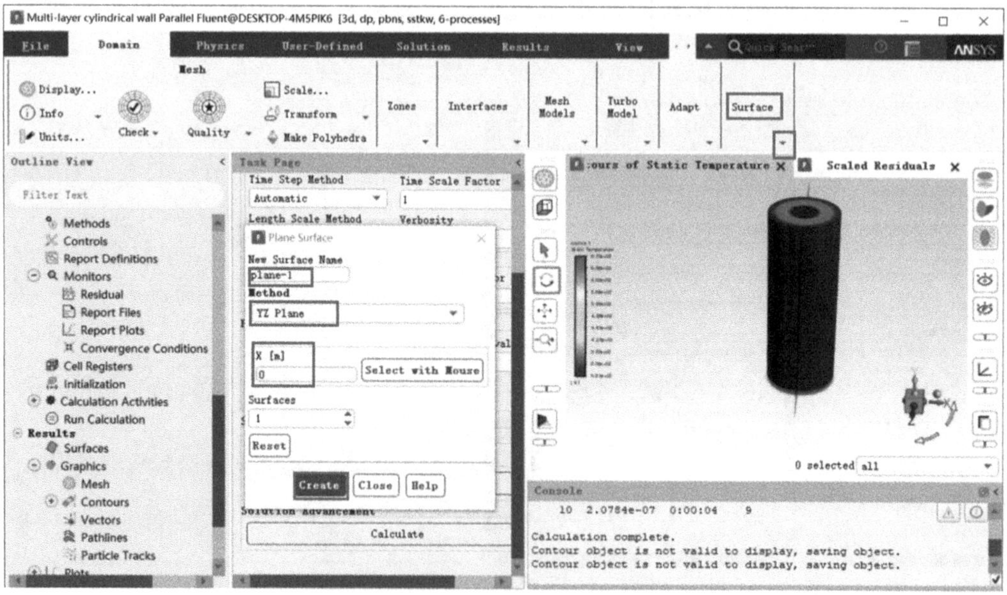

附图 2-17　圆筒壁外围温度分布云图

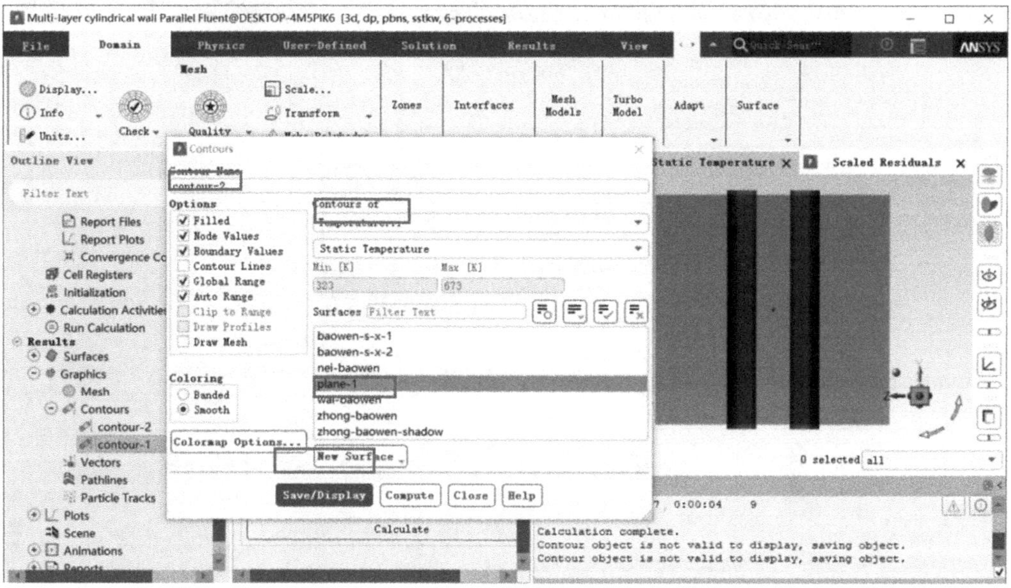

附图 2-18　圆筒壁沿厚度方向的温度变化云图

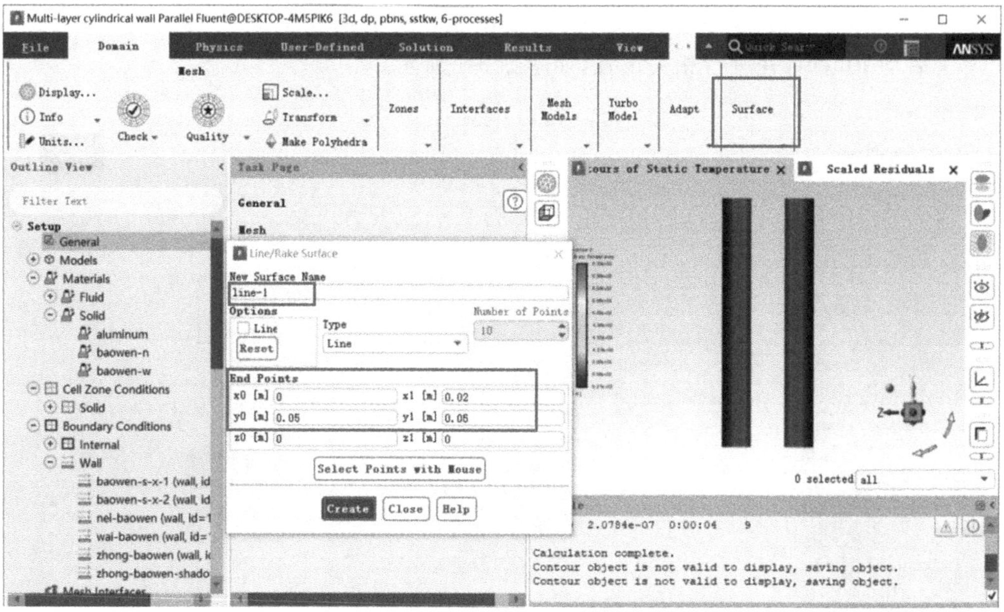

附图 2-19　定义检测线

(14) 模拟结束,改变边界条件进行另一种工况的计算与分析。

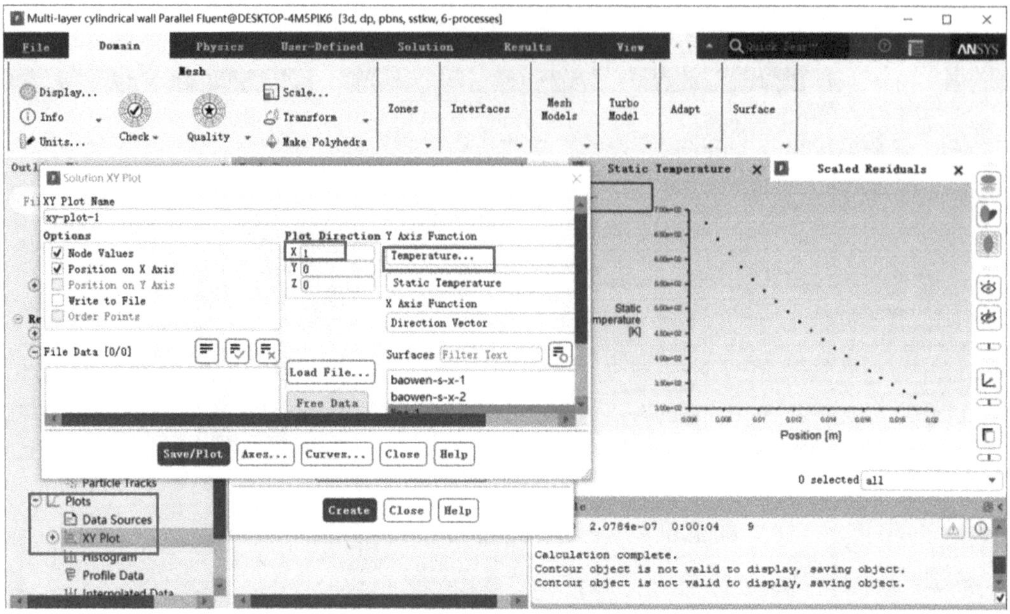

附图 2-20　圆筒壁沿厚度方向的温度变化曲线

3. 非稳态钢球冷却数值实验的模拟步骤

（1）启动 Fluent，并进行相关设置，如附图 3-1 所示。

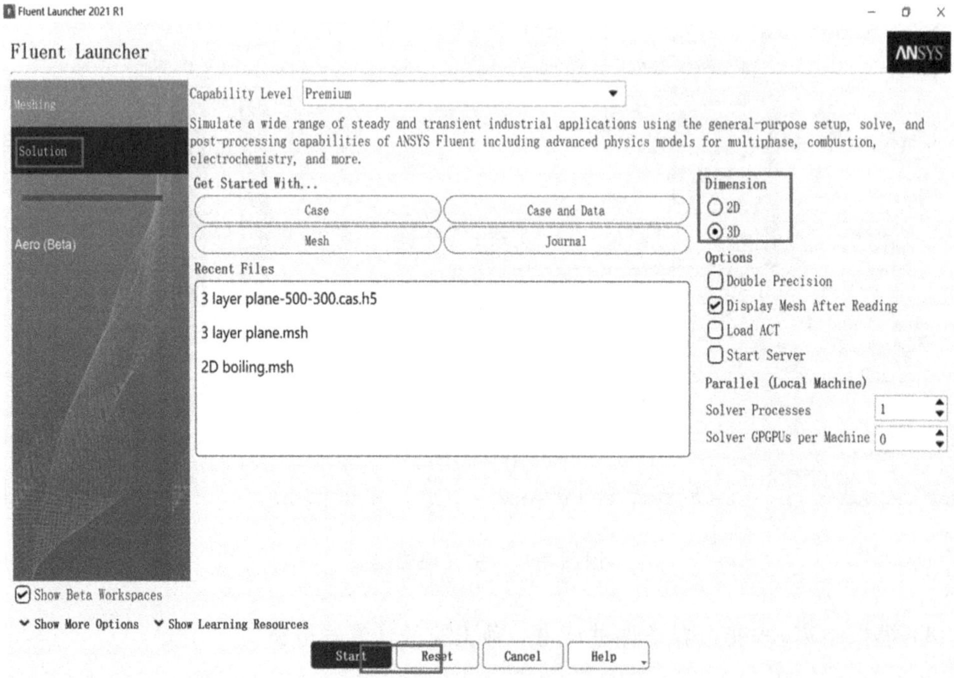

附图 3-1　打开 Fluent

(2) 阅读并检查网格质量,如附图 3-2 所示。

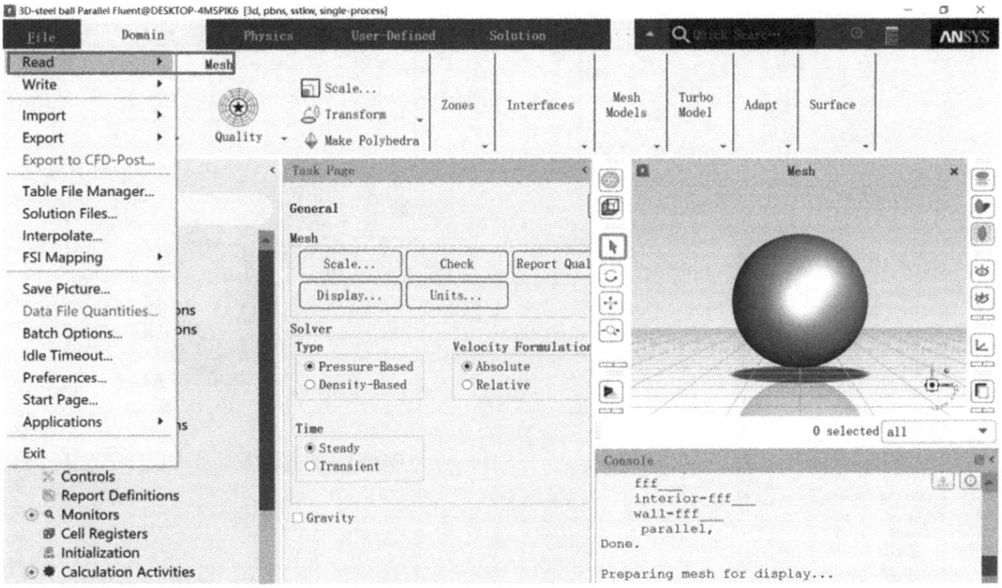

附图 3-2　读取网格并检查

(3) 缩放域:确保计算区域的大小及单位无误,如附图 3-3 所示。

附图 3-3　检查网格区域

(4) 求解器设置如附图 3-4 所示。

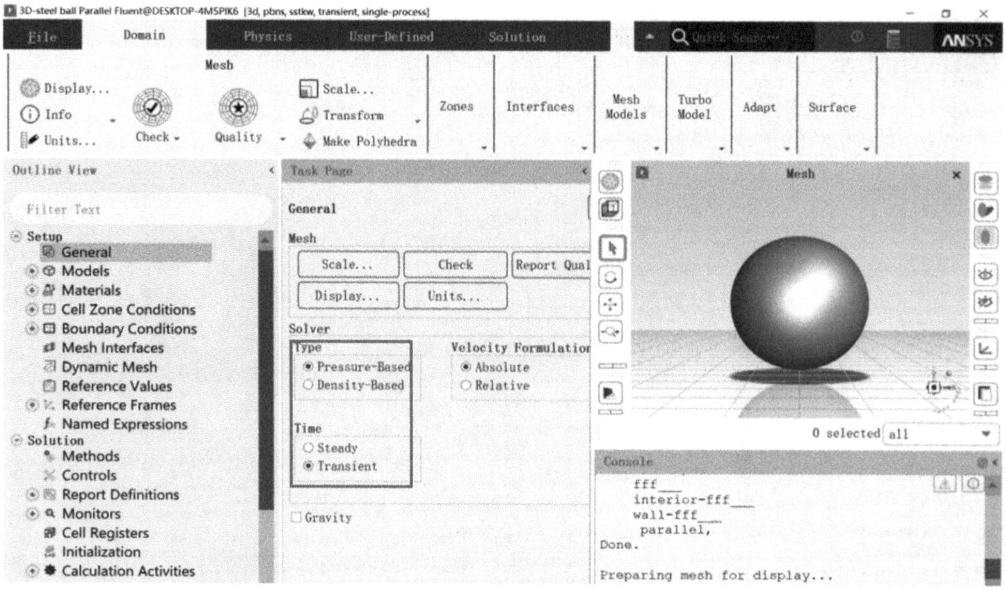

附图 3-4　求解器设置

(5) 选择模型:激活能量方程,流动计算默认层流,如附图 3-5 所示。

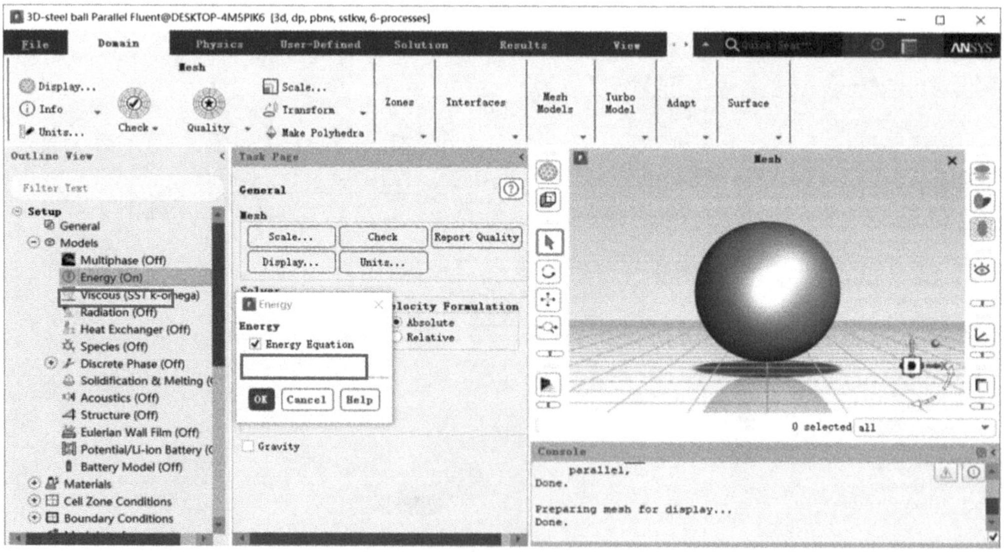

附图 3-5　设置激活能量方程

(6) 定义与问题相关的实体和流体材质,如附图 3-6 和附图 3-7 所示。

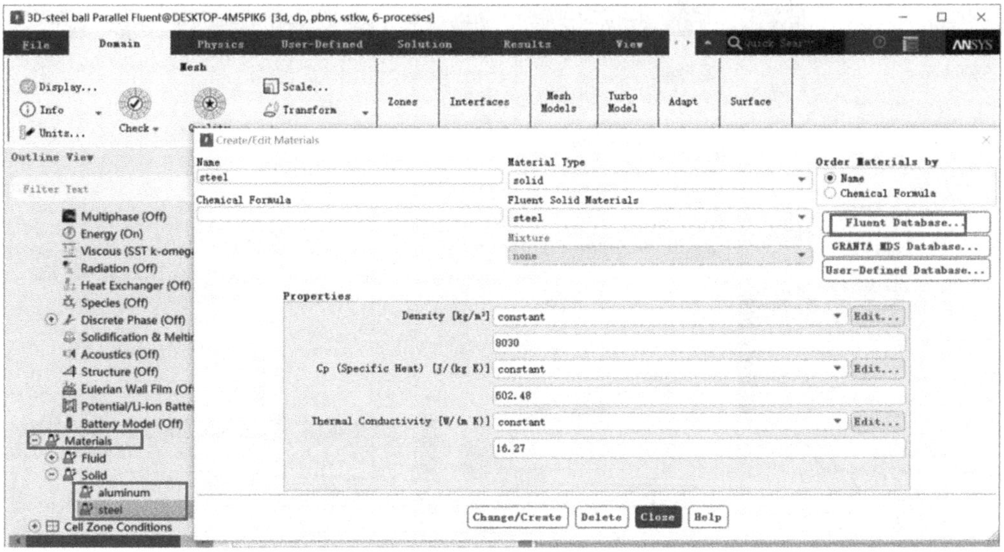

附图 3-6　定义材质

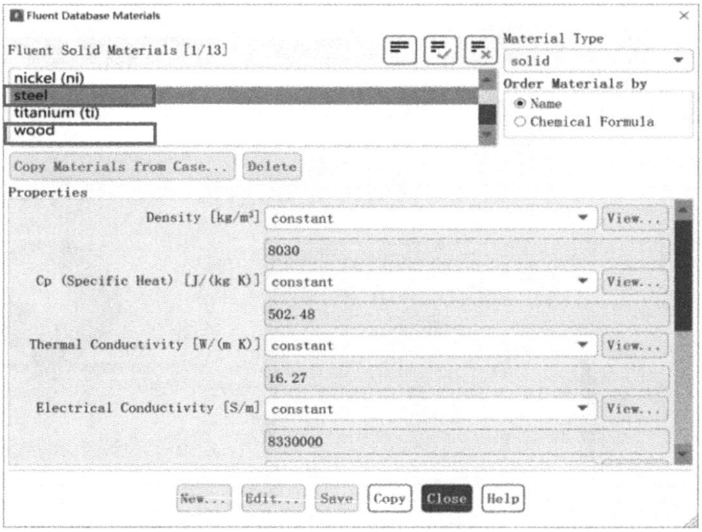

附图 3-7　调用材料

（7）定义分区条件：确定每个分区的材质和源项，如附图 3-8 所示。

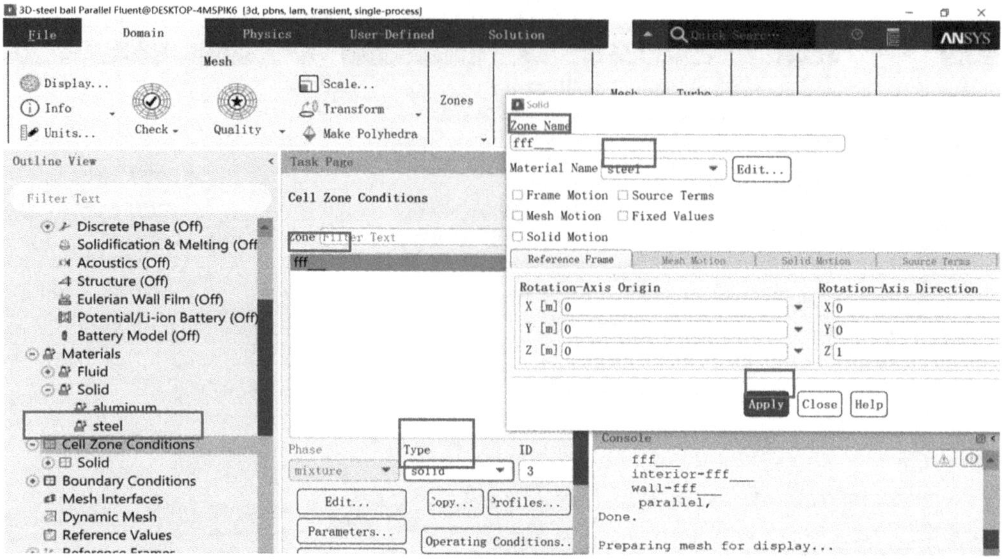

附图 3-8　定义分区的材质

（8）定义边界条件，如附图 3-9 和附图 3-10 所示。

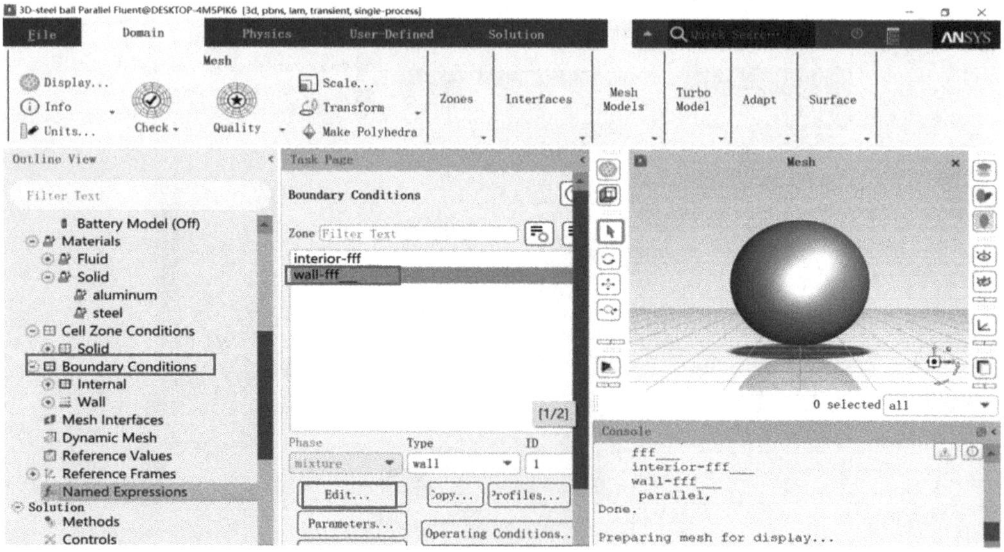

附图 3-9　定义边界条件(1)

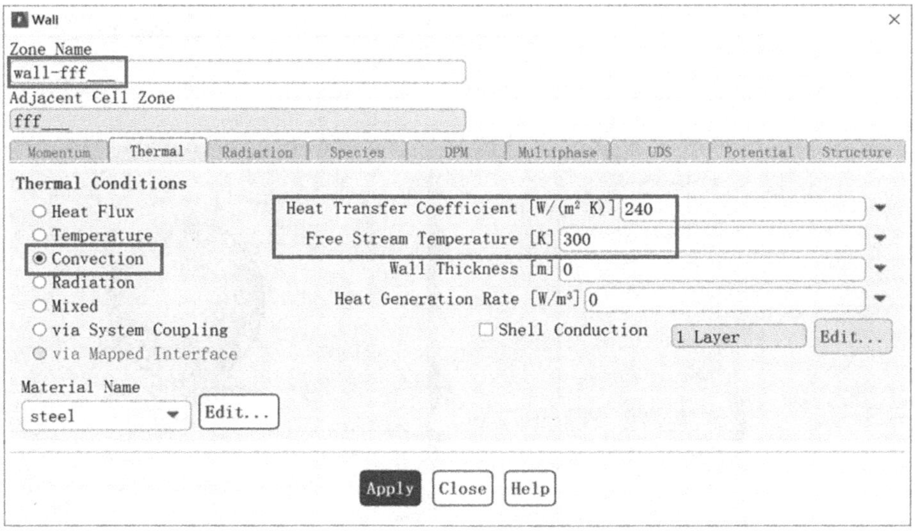

附图 3-10　定义边界条件(2)

(9) 求解方法及检测信息如附图 3-11～附图 3-13 所示。

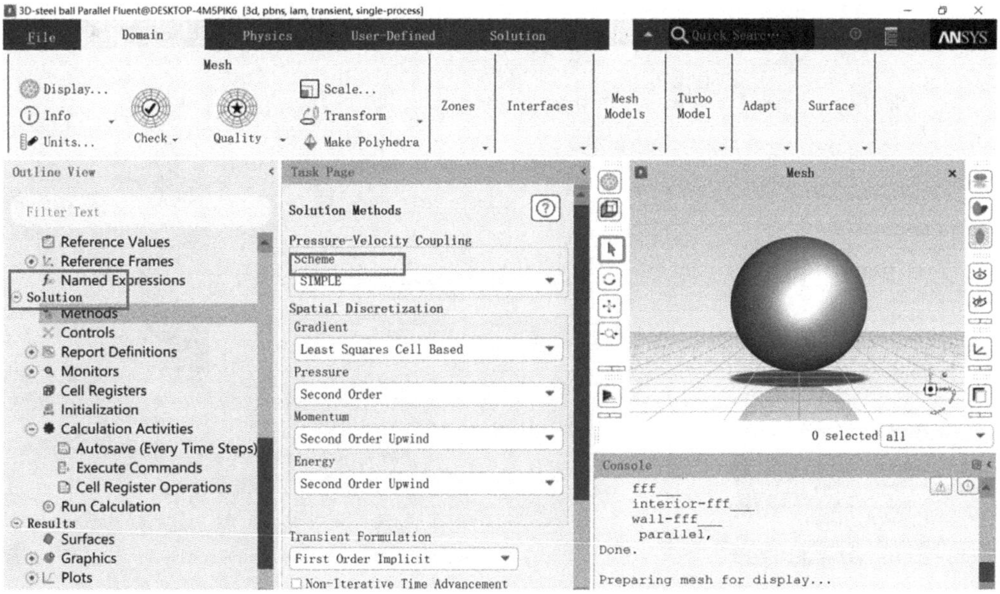

附图 3-11　设置算法和方案

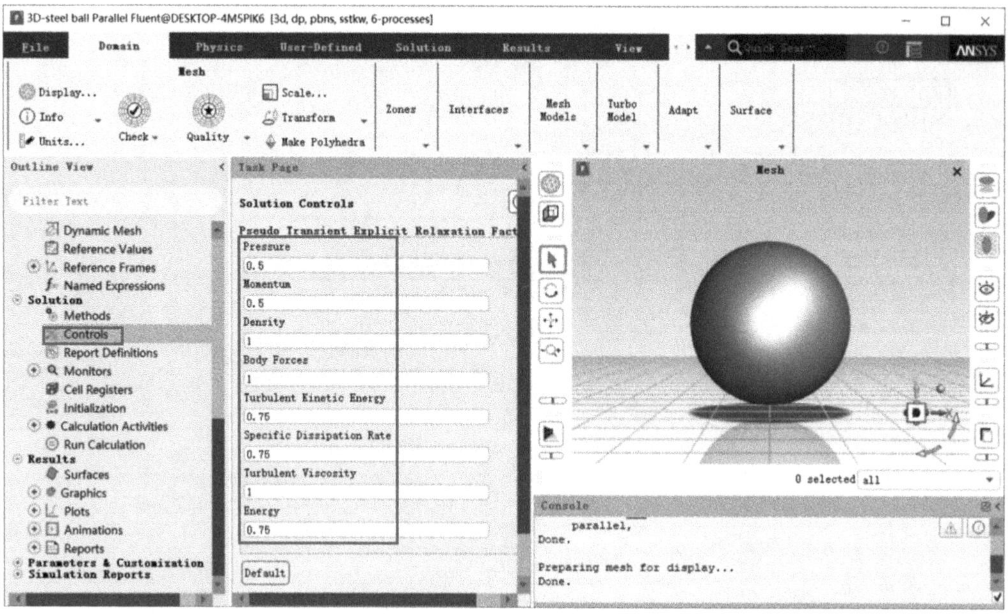

附图 3-12　求解控制

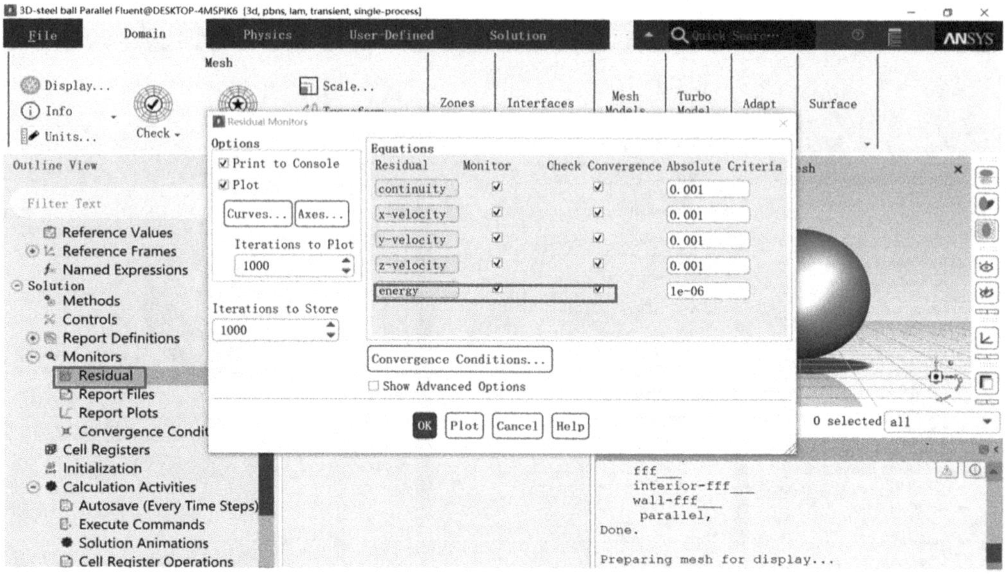

附图 3-13　定义监测线

（10）初始化:初始化条件设置如附图 3-14 所示。

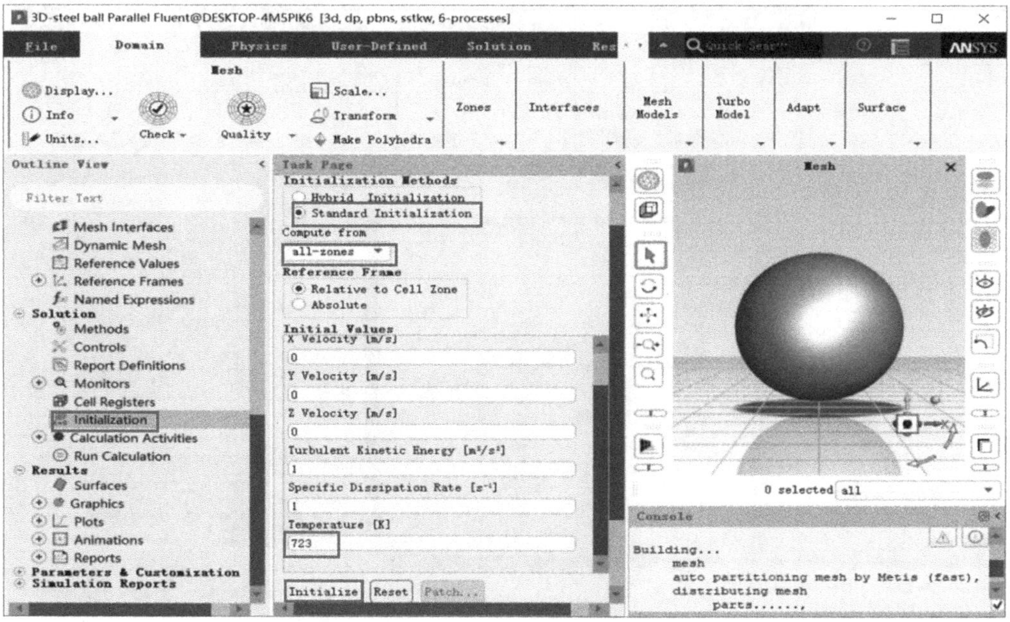

附图 3-14　初始化设置

(11) 设置自动保存,检查保存路径,如附图 3-15 所示;保存 case 和 data 并运行模拟,监控残差曲线和特定变量,如附图 3-16 所示。

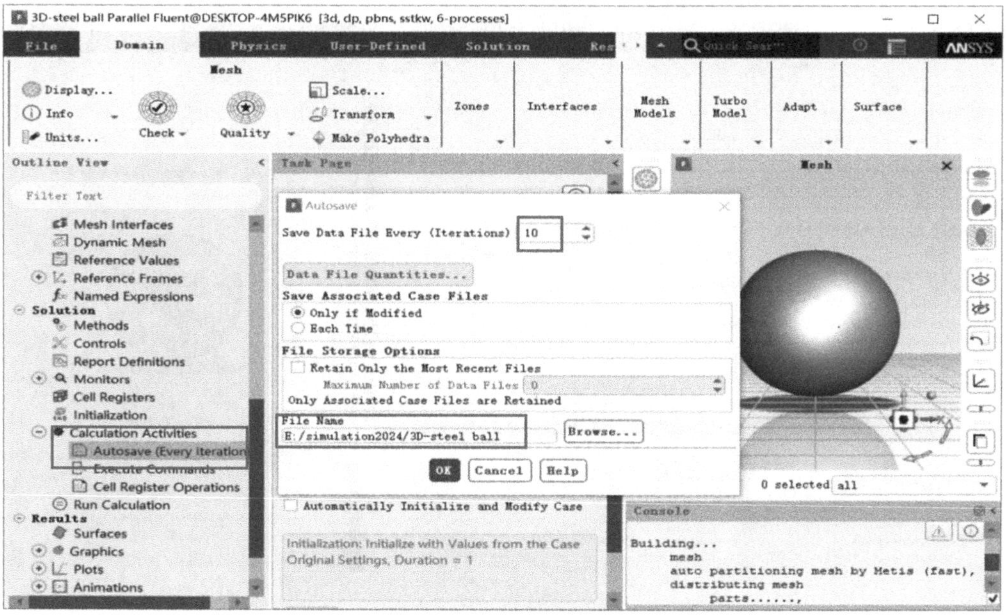

附图 3-15　设置自动保存

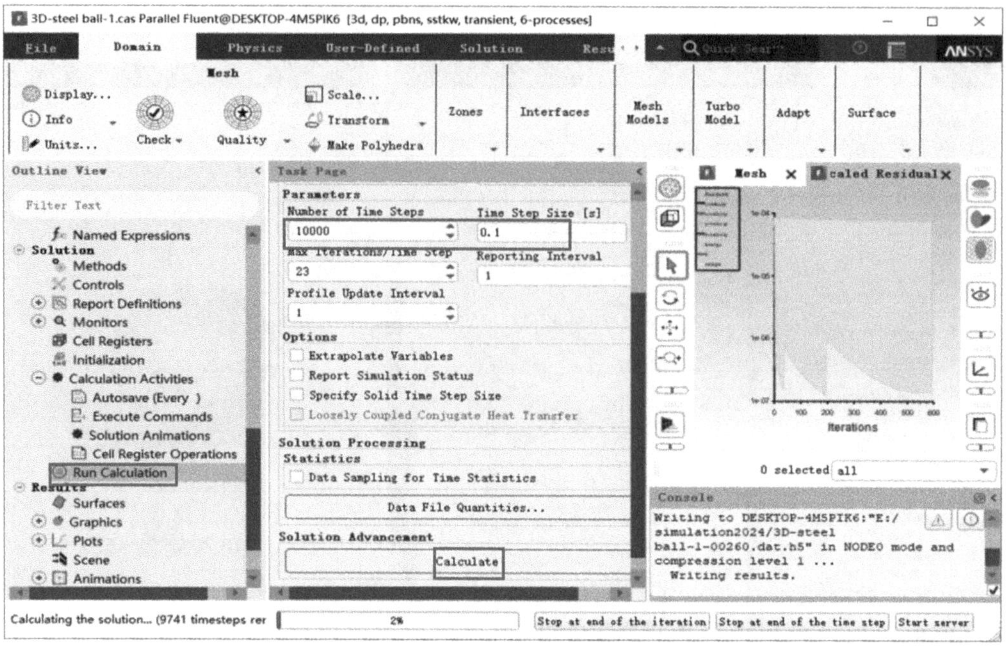

附图 3-16　计算设置与残差曲线

（12）模拟后处理：绘制温度分布云图，如附图 3-17 所示。统计不同时刻过球心截面的温度分布云图，如附图 3-18 所示。绘制钢球平均温度随时间的变化曲线，如附图 3-19 所示。

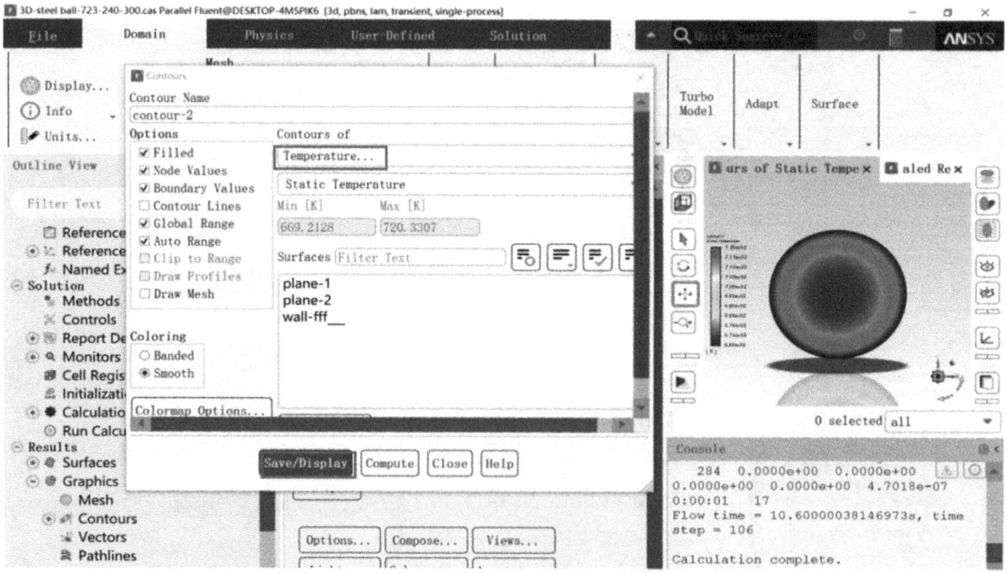

附图 3-17　温度分布云图

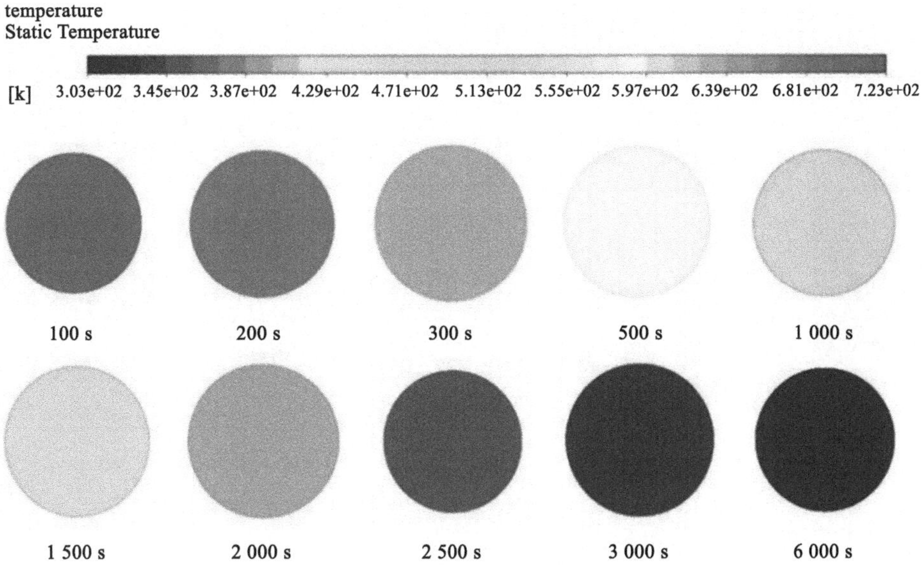

附图 3-18　不同时刻过球心截面的温度分布云图

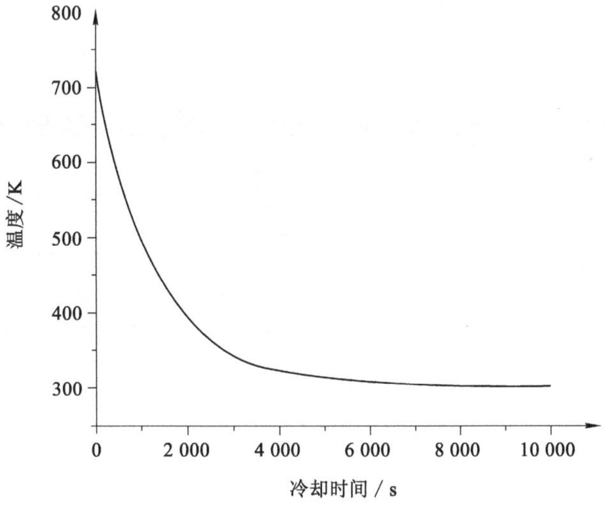

附图 3-19　钢球平均温度随时间的变化曲线

(13) 模拟结束,改变边界条件进行另一种工况的计算与分析。

4. 竖壁凝结传热数值实验的模拟步骤

(1) 选择工作目录(mesh 文件所在位置),后续保存文件也在此目录下,如附图 4-1 所示。

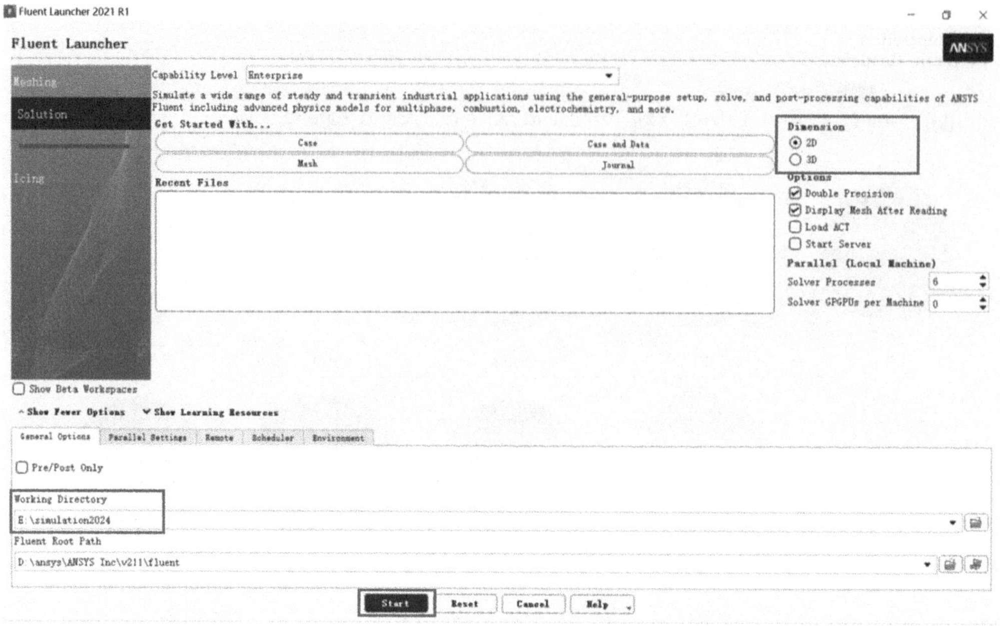

附图 4-1　启动 Fluent

（2）读取网格，如附图 4-2 所示。检查网格尺寸范围，如附图 4-3 所示。检查网格质量，如附图 4-4 所示。

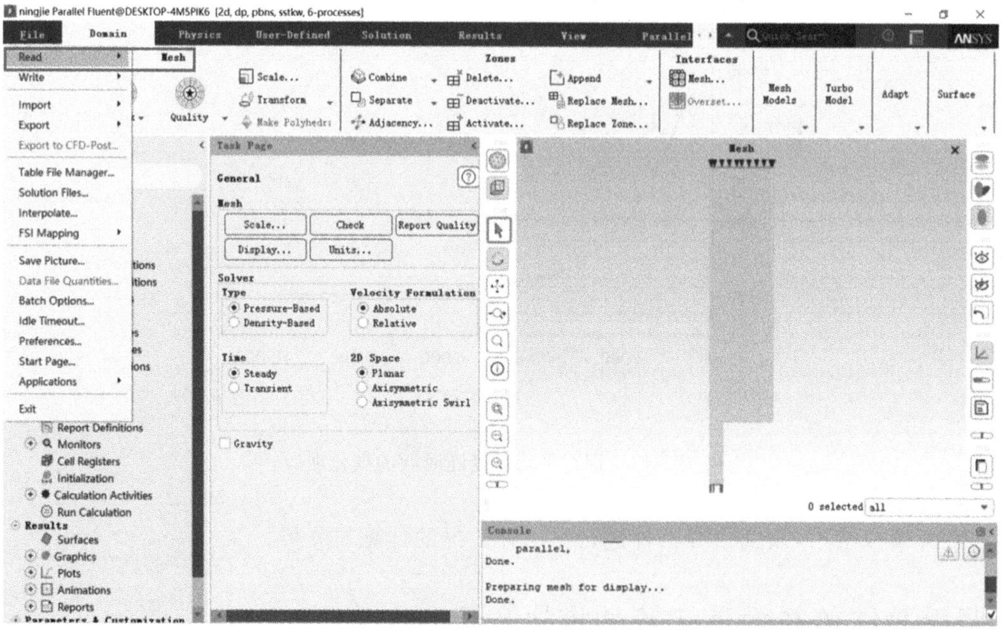

附图 4-2　读取网格

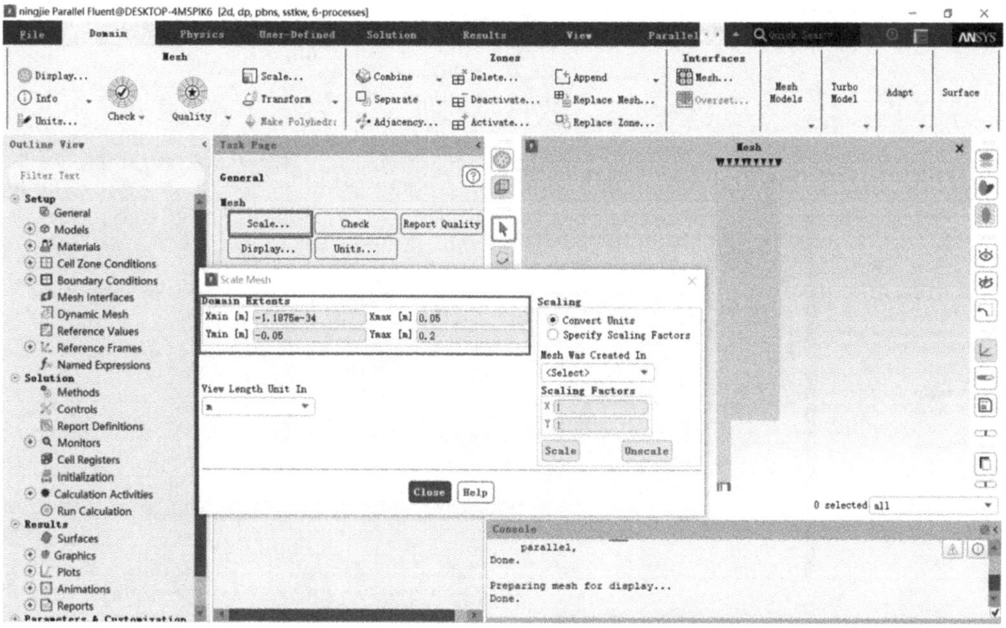

附图 4-3　检查网格尺寸范围

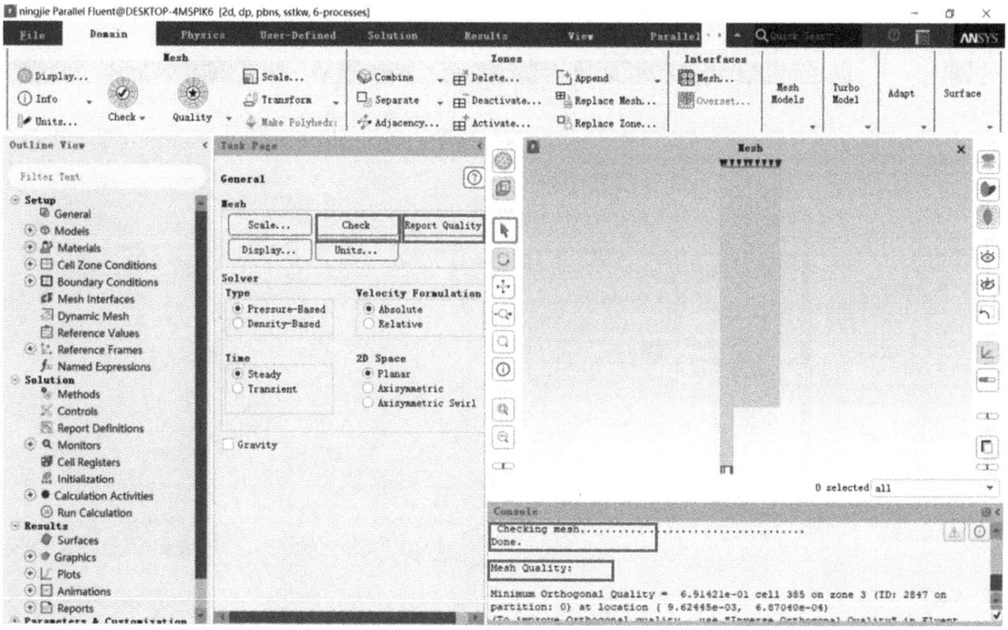

附图 4-4　检查网格质量

(3) 设置瞬态项，选择重力项，输入重力加速度数值，如附图 4-5 所示。

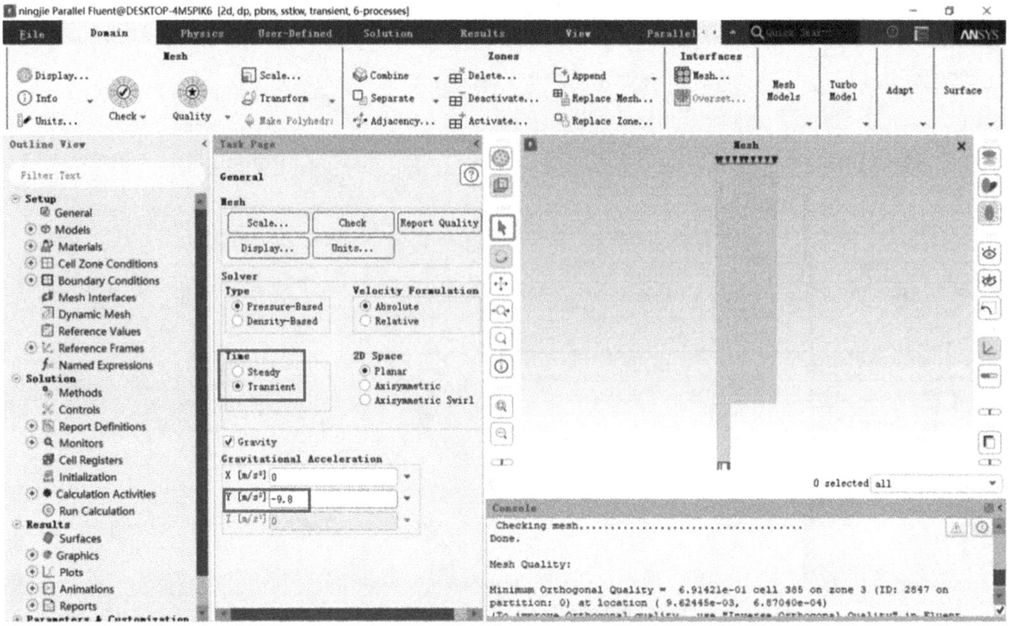

附图 4-5　设置瞬态项

（4）打开模型，开启能量方程，如附图 4-6 所示。

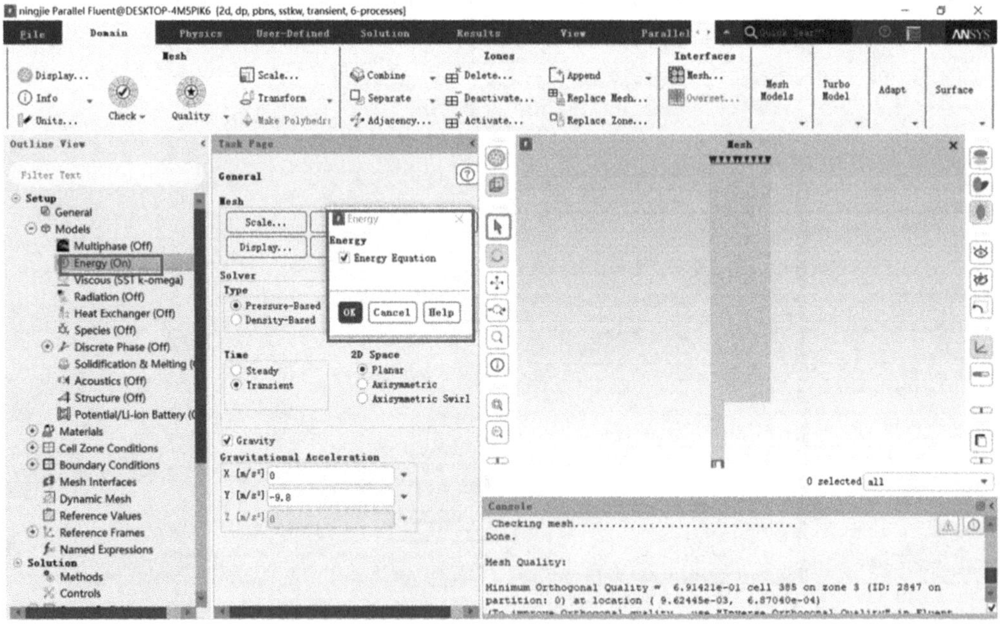

附图 4-6　开启能量方程

（5）打开黏性模型，选择 k-omega 模型，其他保持默认，点击“OK”，如附图 4-7 所示。

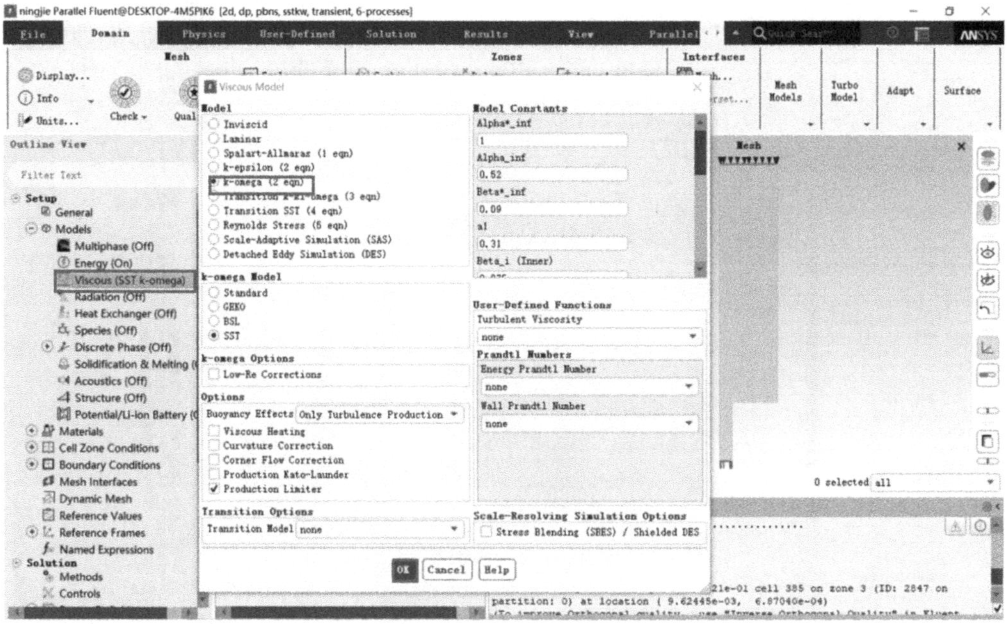

附图 4-7　黏性模型设置

（6）创建流体材料，打开编辑材料界面，如附图 4-8 所示。

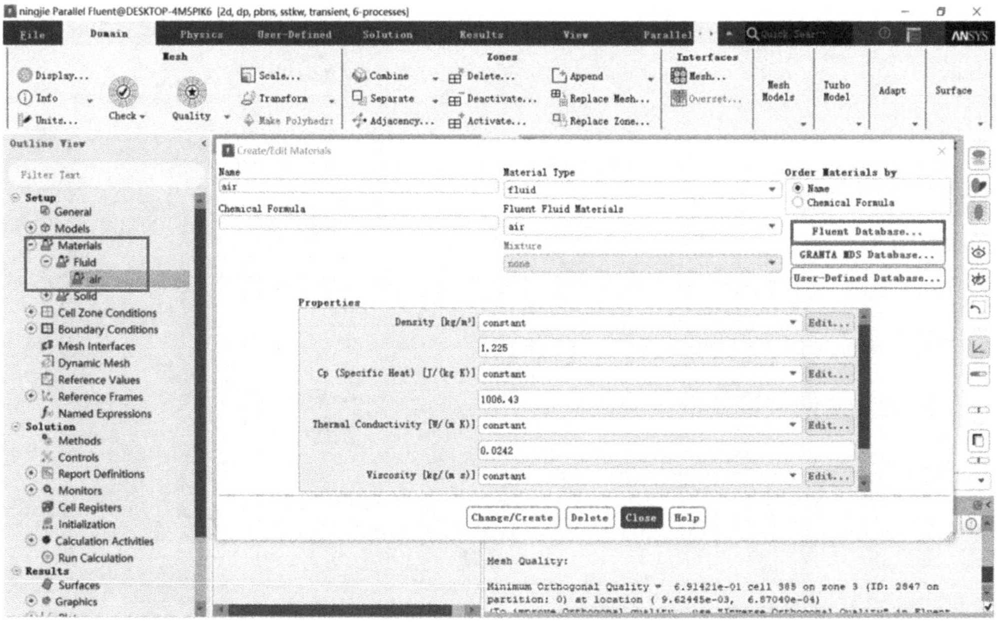

附图 4-8　材料界面设置

（7）打开 Fluent 数据库，材料类型选 fluid，选择液态水和水蒸气，如附图 4-9 所示。

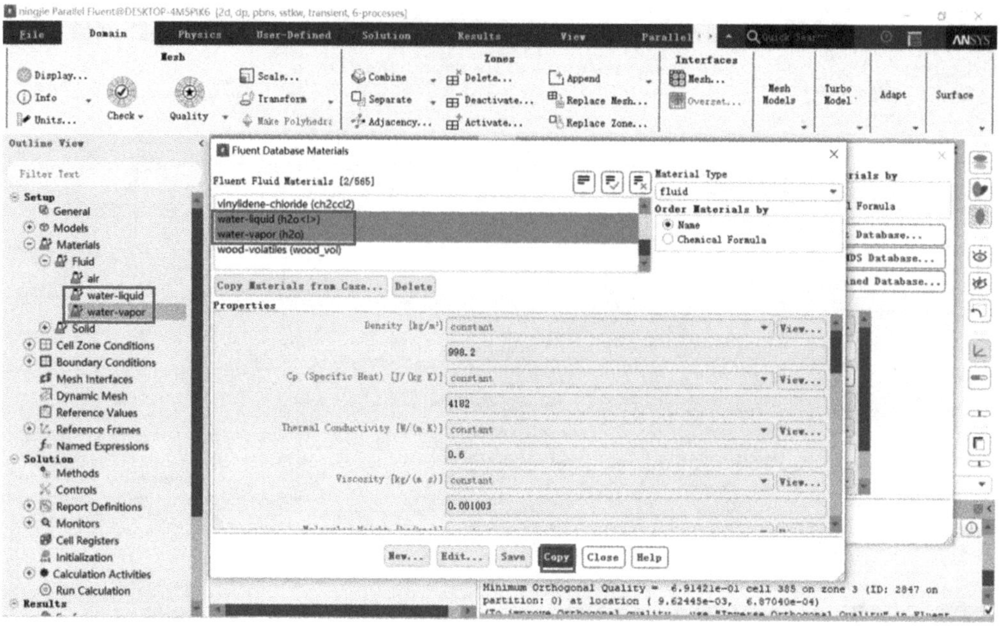

附图 4-9　调用材料

（8）打开多相流模型，选择 mixture 模型，点击应用，如附图 4-10 所示。

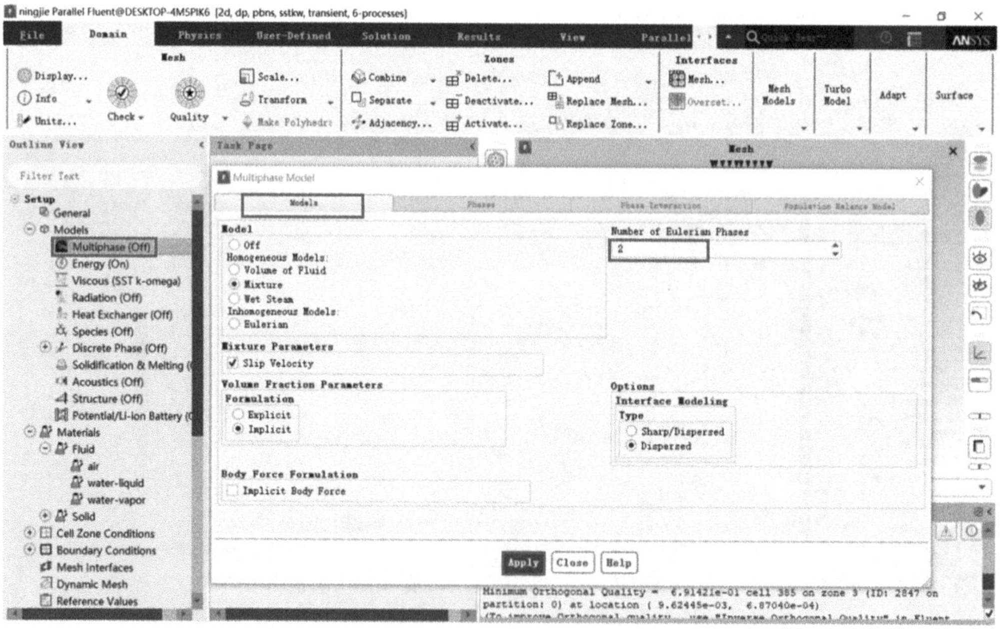

附图 4-10　多相流模型设置

（9）点击相，将相 1 名称改为 liquid，相材料选择液体，如附图 4-11 所示。

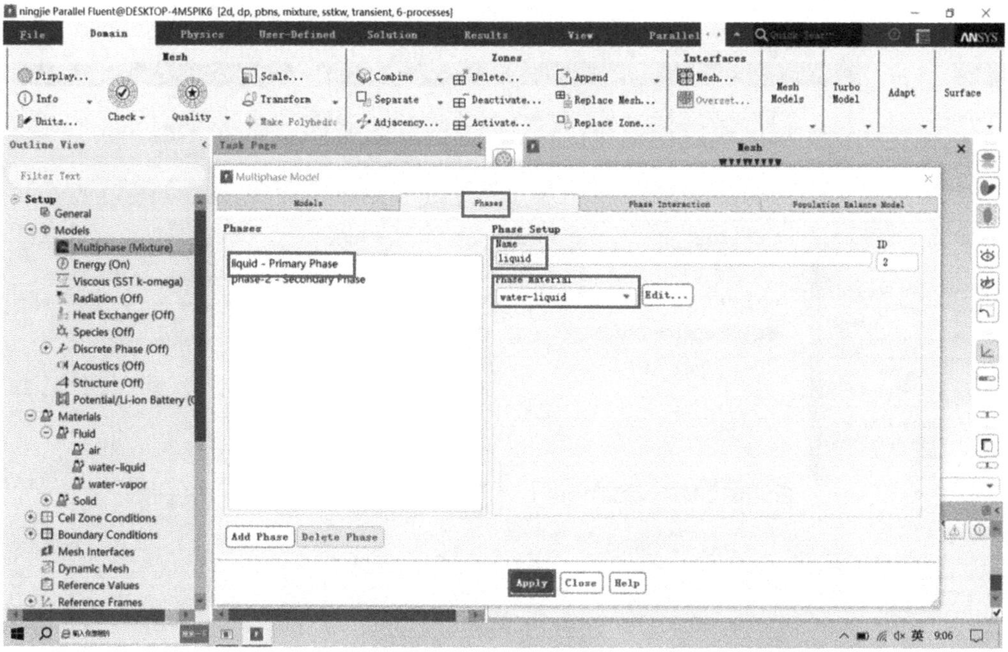

附图 4-11　相材料选择液体

（10）将相 2 名称改为 vapor，材料选择气相，如附图 4-12 所示。

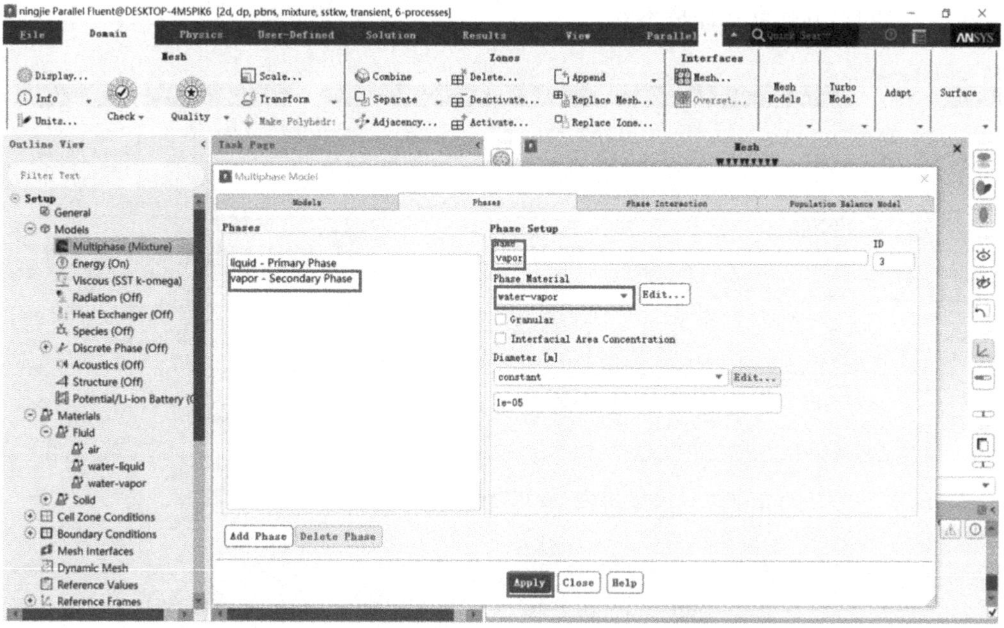

附图 4-12　相材料选择气体

（11）点击相间相互作用，选中表面张力模型，表面张力系数选择 constant：0.072，如附

图 4-13 所示。

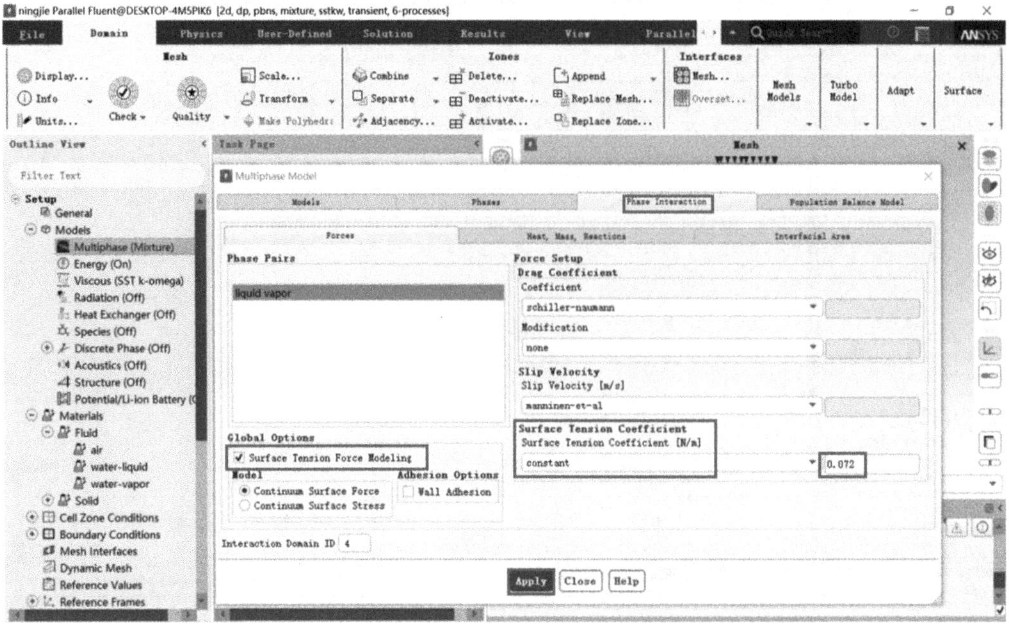

附图 4-13　表面张力模型设置

(12) 点击热量-质量-反应传递机理的数量,选择“1”,最终结果如附图 4-14 所示,再选择蒸发-冷凝机理,其他默认保持不变。

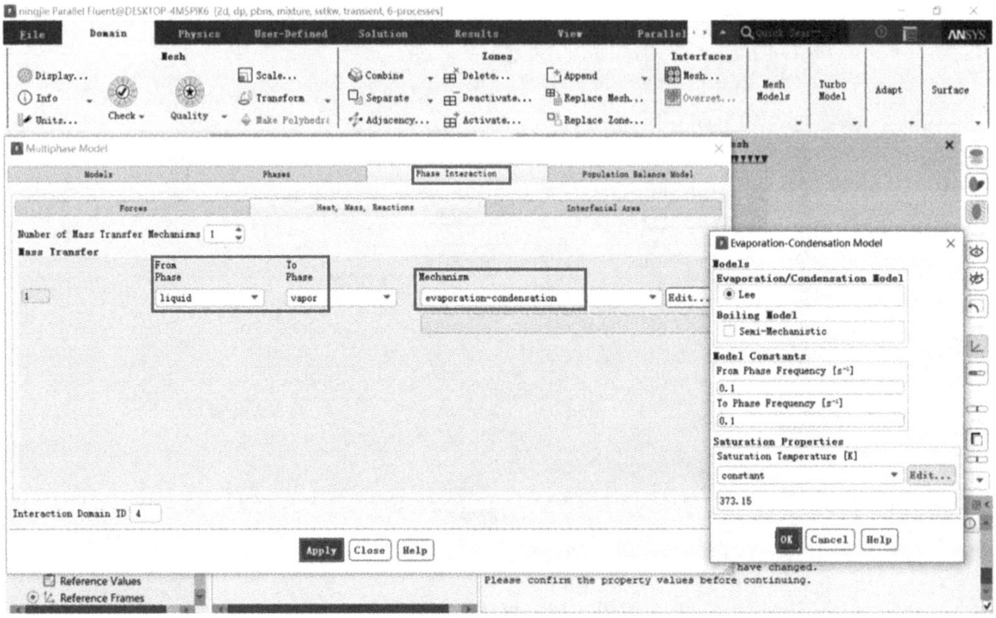

附图 4-14　热量-质量-反应传递机理设置

(13) 双击流体下的 water-vapor，将标准状态焓改为 3e7，点击更改/创建，如附图 4-15 所示。

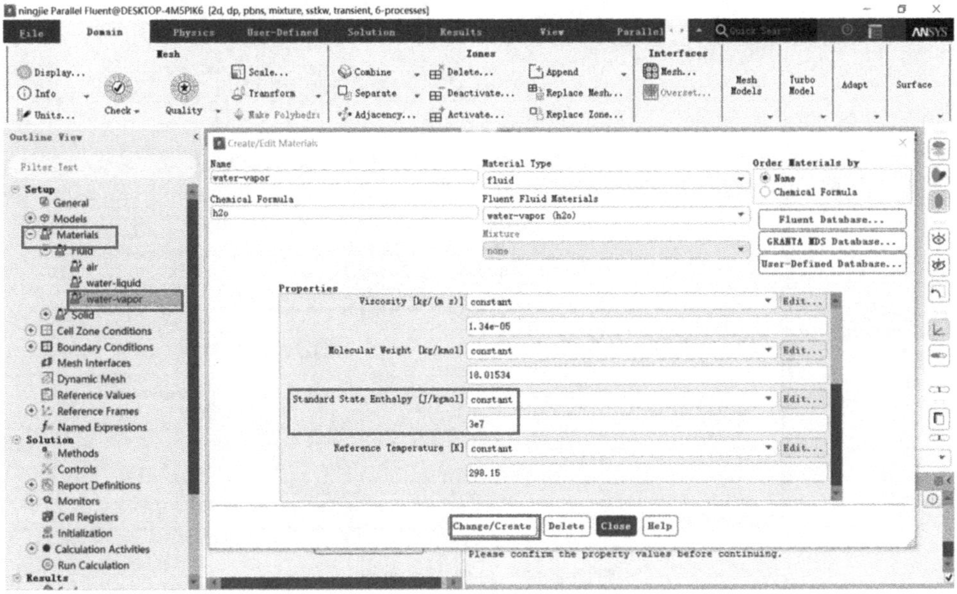

附图 4-15　材料设置

(14) 选择凝结壁面，将其设置为恒壁温边界条件，温度为 300 K，如附图 4-16 所示。入口边界条件改为质量流入口，双击 mass-inlet；出口边界条件为 outflow，保持默认状态，分别如附图 4-17 和附图 4-18 所示。点击应用后，单击右上角相，选择 vapor，将质量流率改为 0.004 kg/s，如附图 4-19 所示。

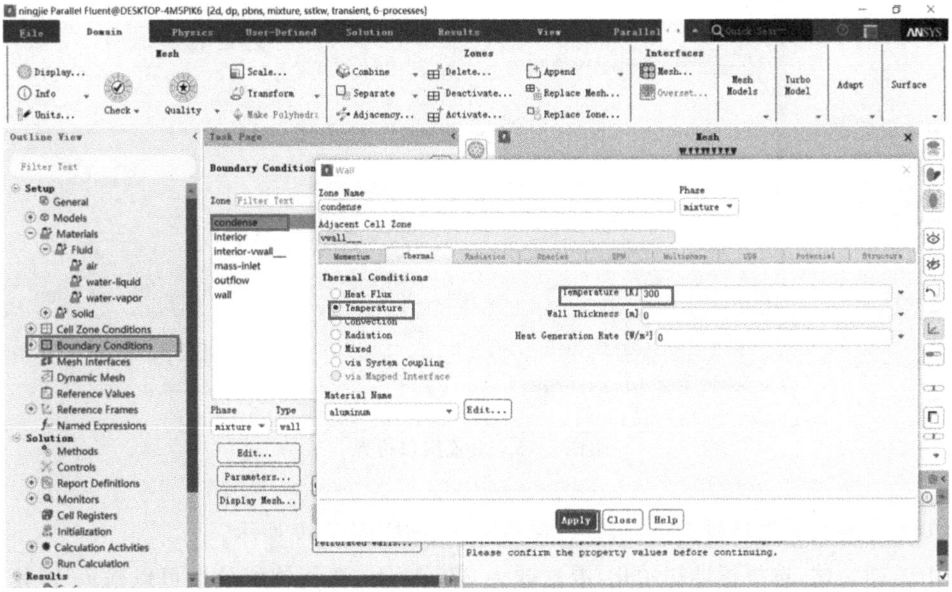

附图 4-16　选择凝结壁面

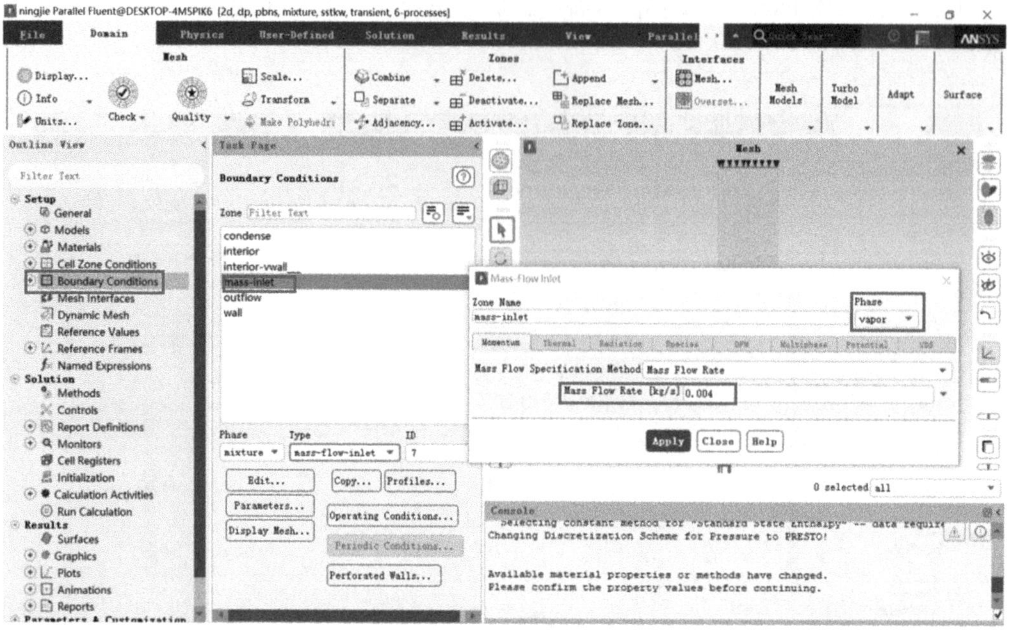

附图 4-17　设置入口边界

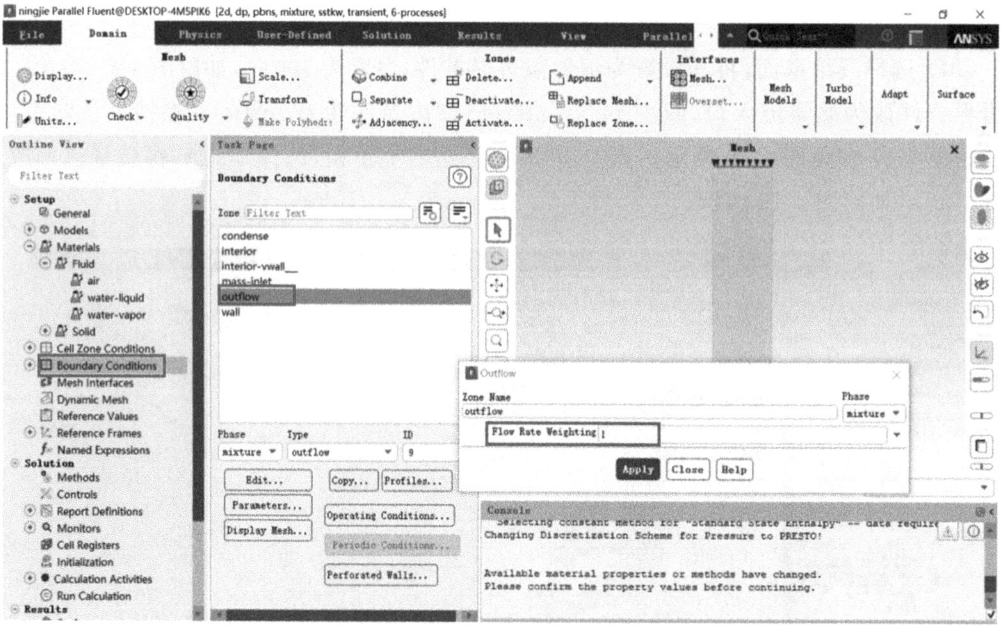

附图 4-18　设置出口边界

(15) 求解及后处理设置:求解方法保持默认,如附图 4-20 所示。

(16) 初始化,选择标准初始化,温度改为 375.15 K,蒸气体积分数可以输入 1,其他保持不变,点击初始化,如附图 4-21 所示。

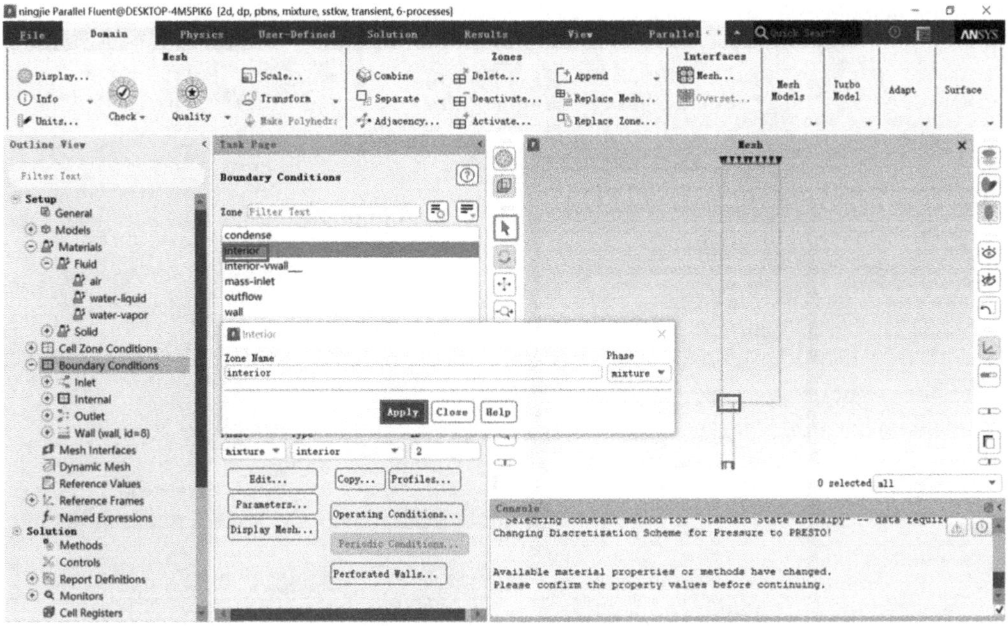

附图 4-19　设置内部边界

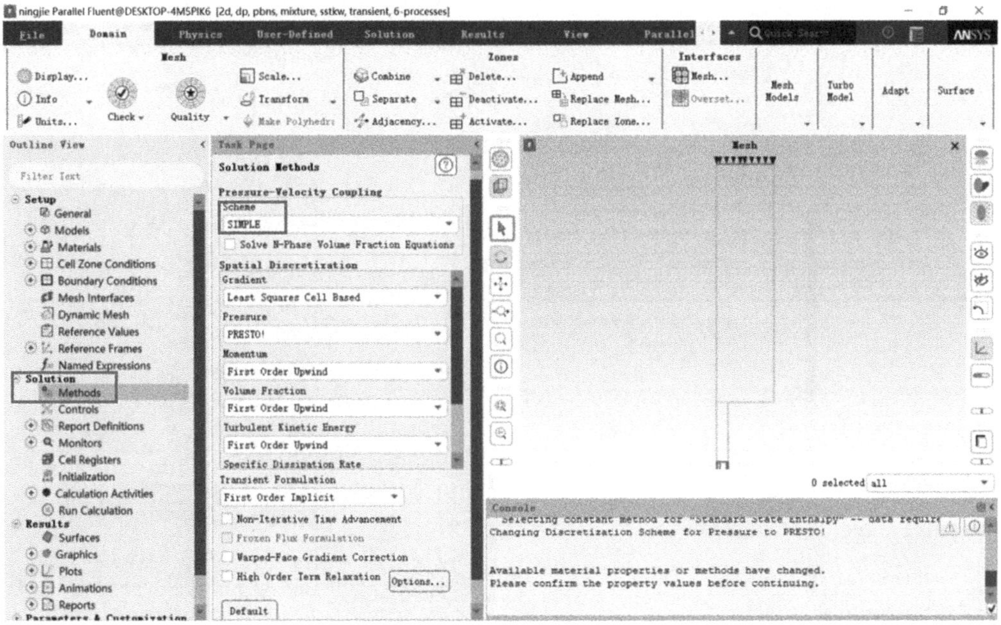

附图 4-20　设置求解方法

(17) 创建动画界面：首先在结果选项中选择云图“contour”，变量选择“phases”等，再选择“liquid”，点击保存显示，如附图 4-22 所示。

(18) 保证上面显示的气相云图显示在窗口中，在计算设置下进行动画视图的创建，存

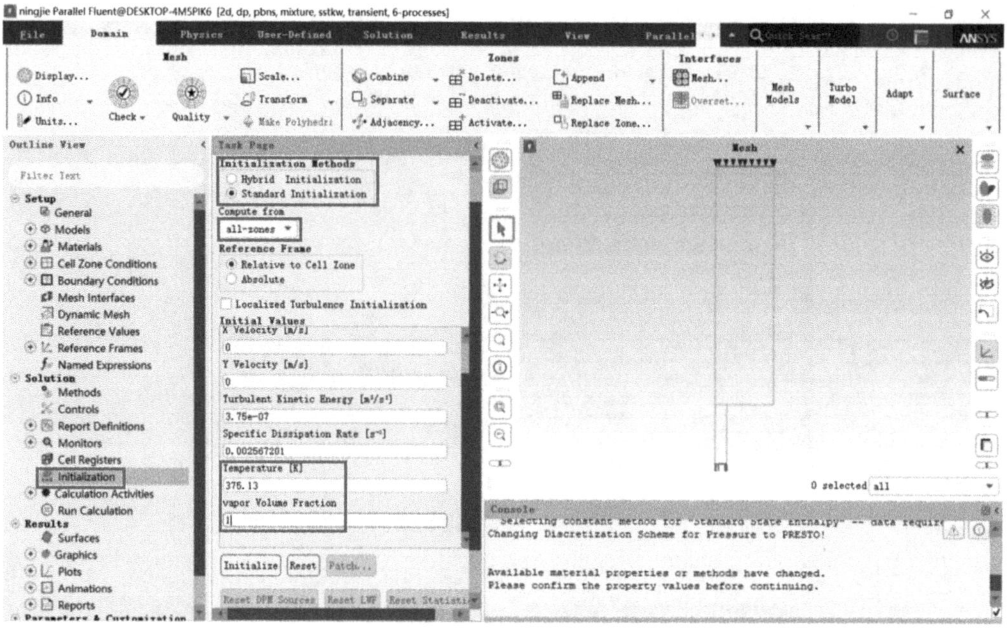

附图 4-21　初始化设置

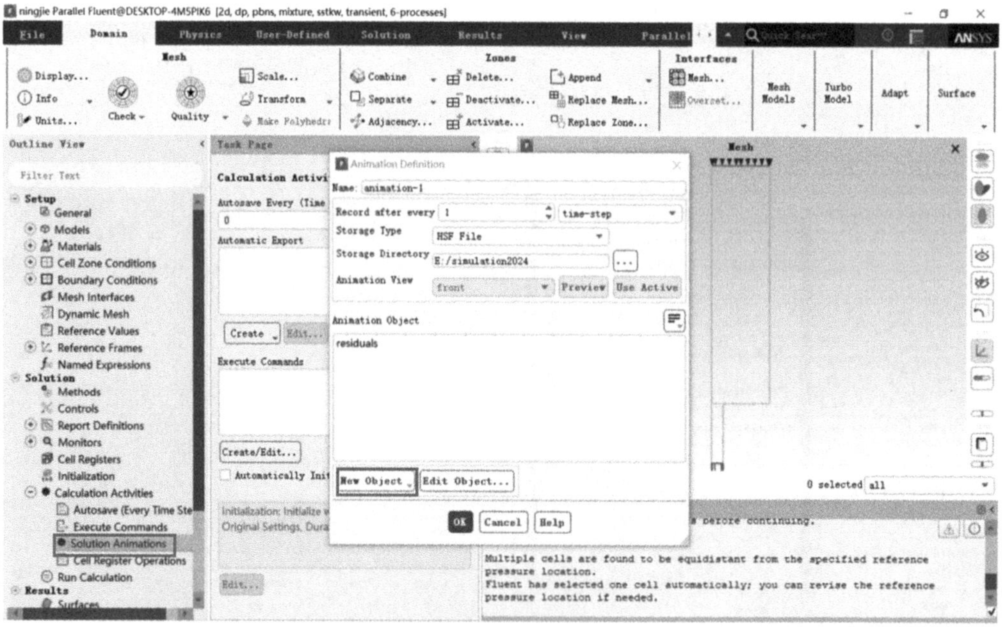

附图 4-22　创建动画界面

储类型选择 in memory，动画对象为 contour-1，点击“OK”，如附图 4-23 所示。

(19) 运行计算设置：类型选择 Adaptive，时间步数为 1 000，时间步长设为 1e-05 s，点击开始计算，如附图 4-24 所示。

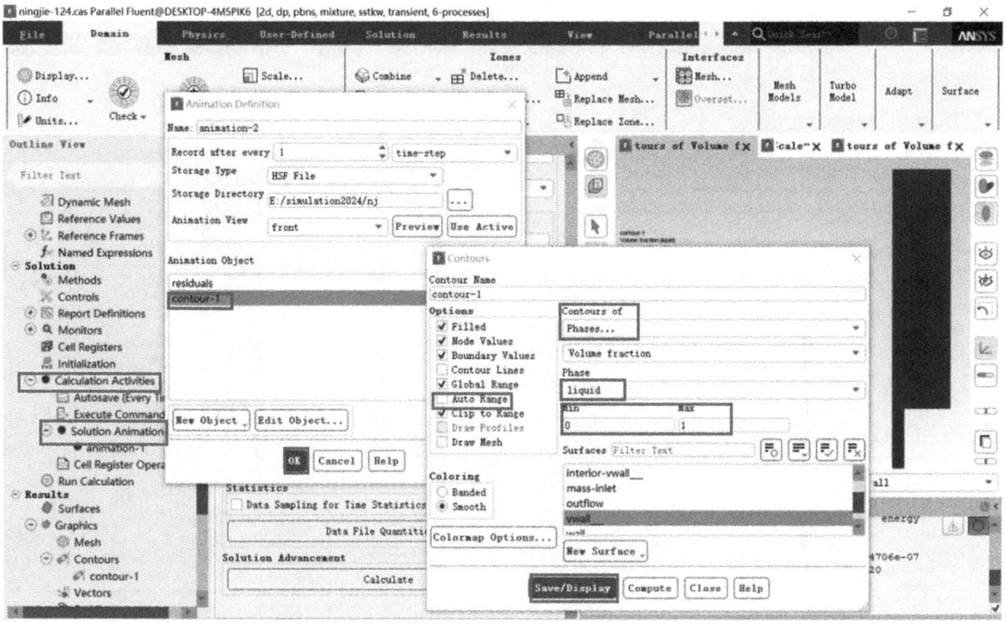

附图 4-23　创建动画云图

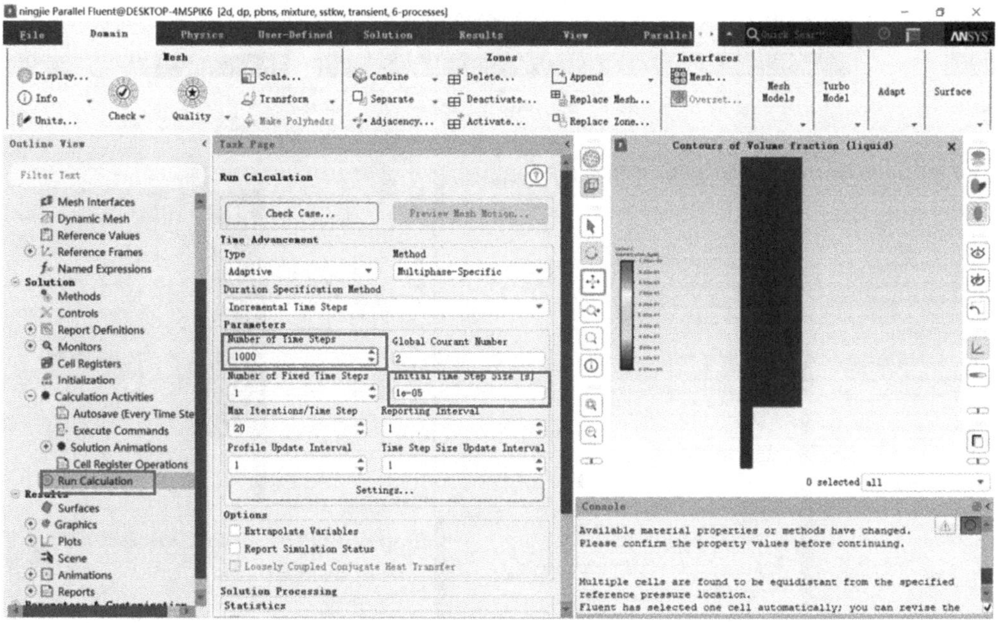

附图 4-24　运行计算设置

(20) 保存与自动保存设置分别如附图 4-25 和图 4-26 所示，计算设置如附图 4-27 所示。

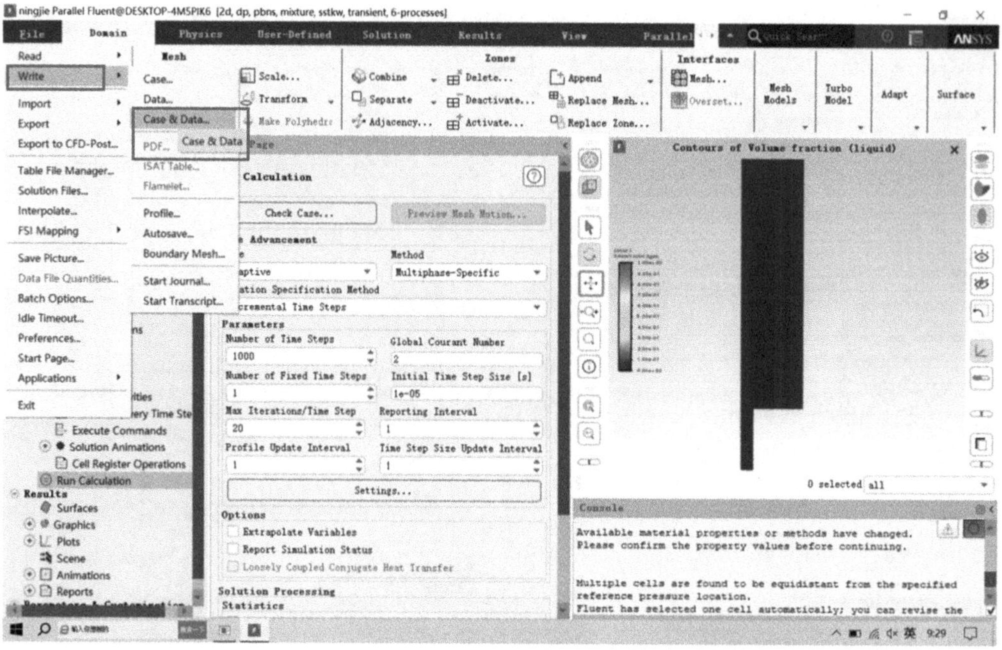

附图 4-25　保存设置

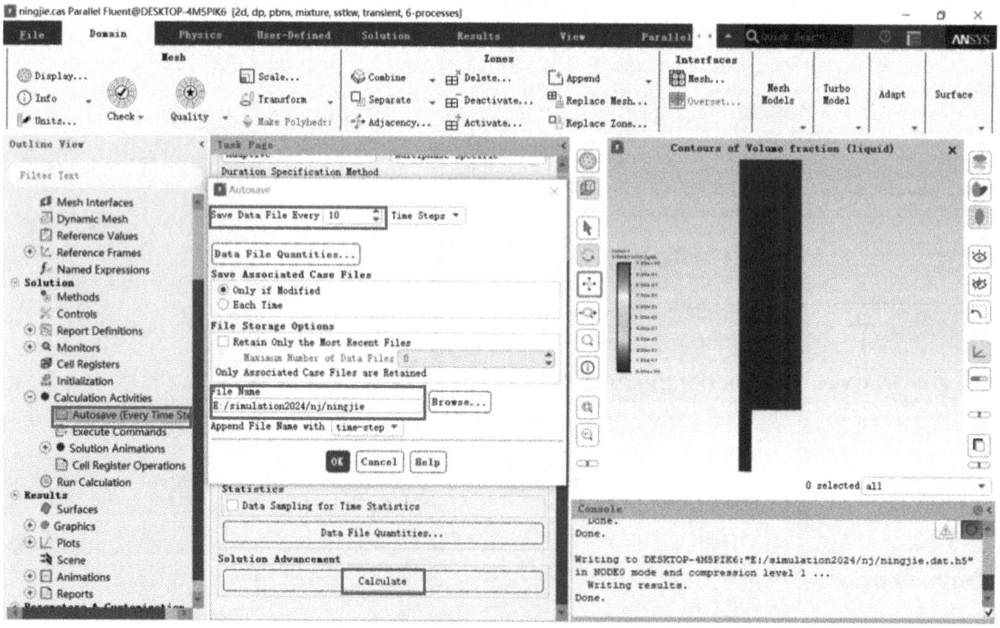

附图 4-26　自动保存设置

（21）计算完成后，进行动画的播放和保存，记录格式为视频文件 video-files，点击写出，如附图 4-28 所示。

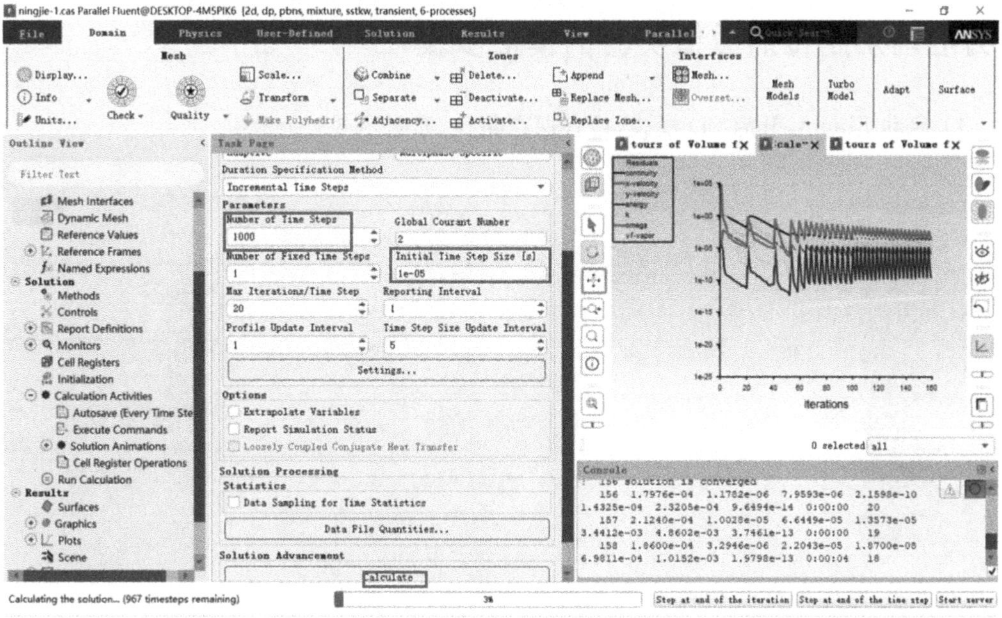

附图 4-27　计算设置

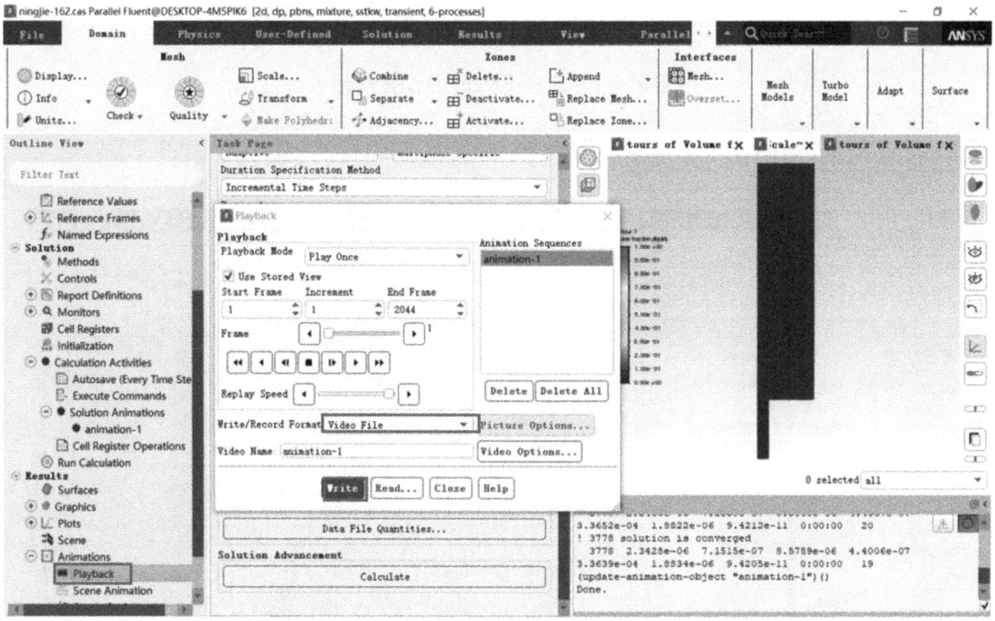

附图 4-28　动画的播放与保存

（22）保存 case 和 date。

5. 方腔内沸腾传热数值实验的模拟步骤

(1) 启动 Fluent,开启 2D 模式,检查保存路径,如附图 5-1 所示。

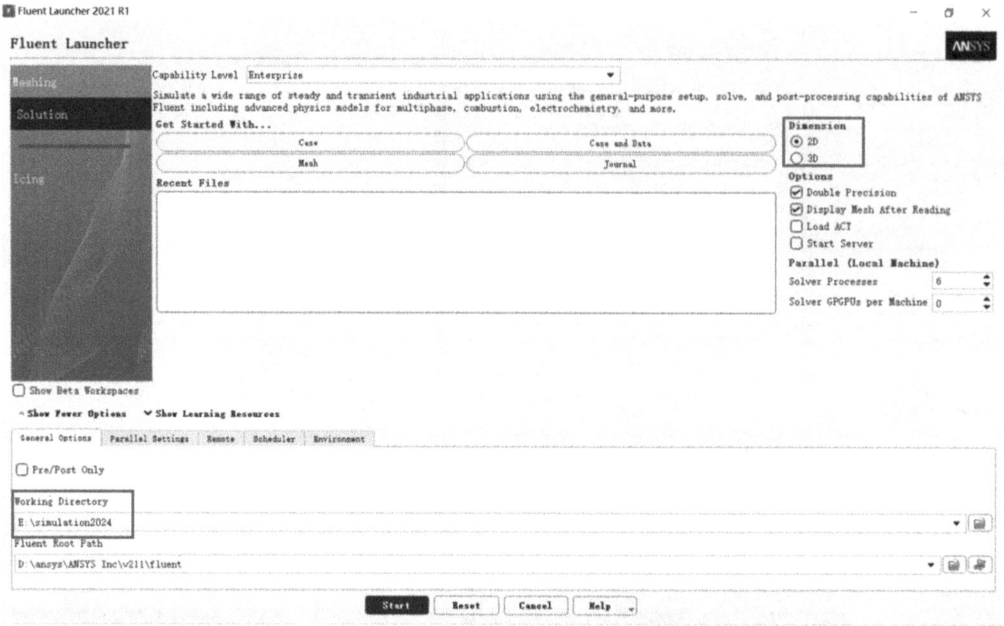

附图 5-1　启动 Fluent 并设置模型

(2) 读取网格,如附图 5-2 所示。

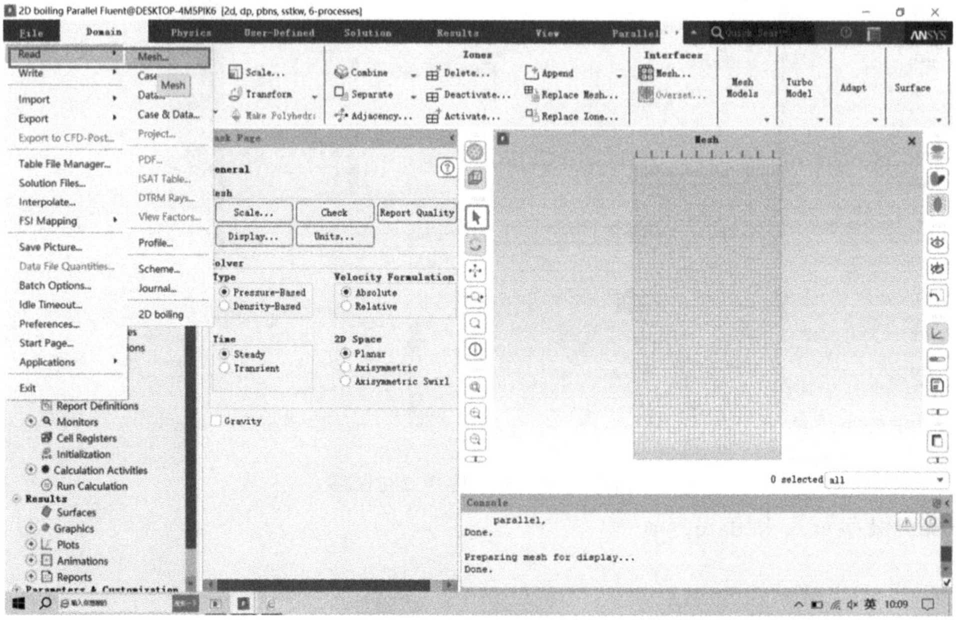

附图 5-2　读取网格结构

(3) 检查网格尺寸范围,根据需要可调整比例、单位等。例如,网格单位为 m 时,可将网格生成单位选择 m,如附图 5-3 所示。检查网格质量,如附图 5-4 所示。

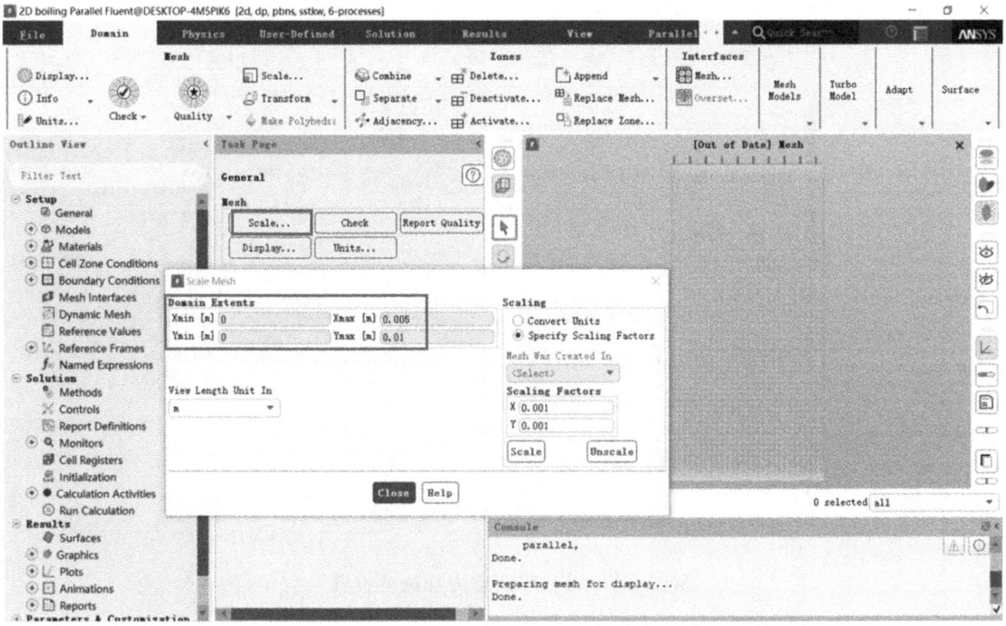

附图 5-3　查看网格单位与尺度范围

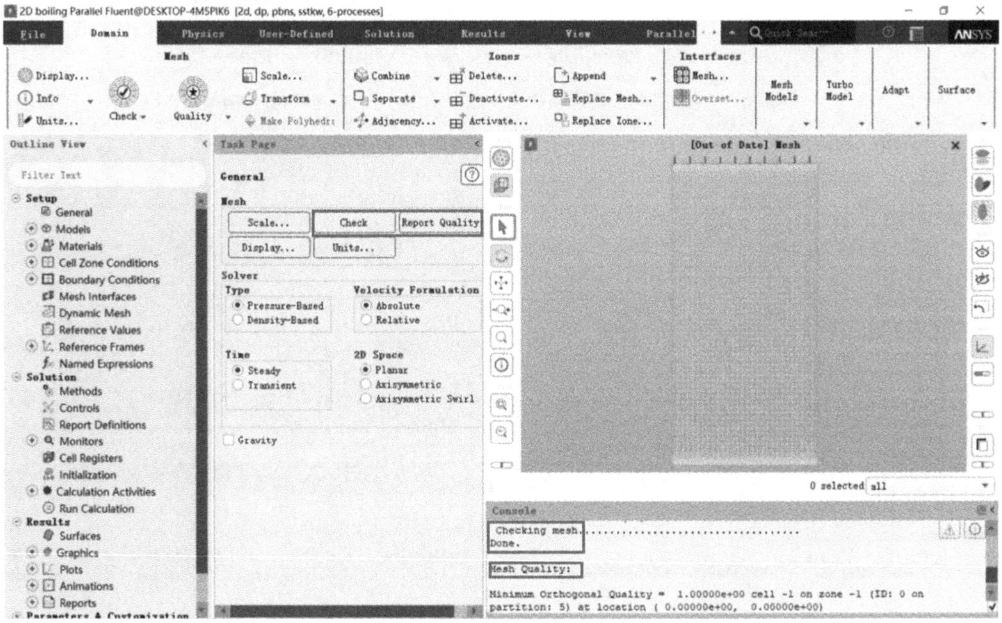

附图 5-4　检查网格质量

(4) 设置瞬态项,选择重力项,输入重力加速度数值:−9.8,如附图 5-5 所示。

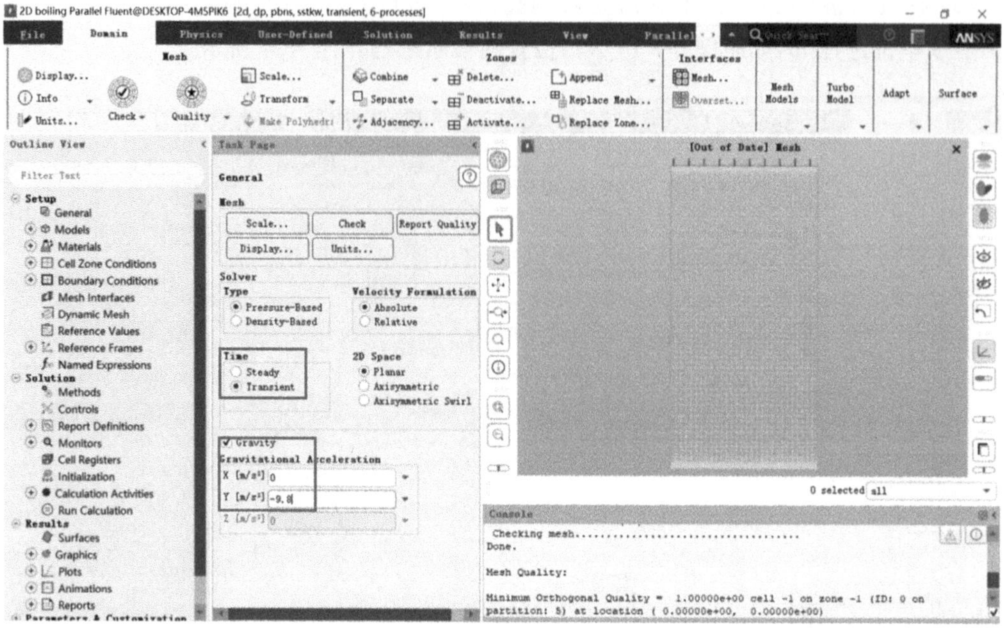

附图 5-5　瞬态项及重力加速度设置

（5）模型设置：开启能量方程，如附图 5-6 所示。

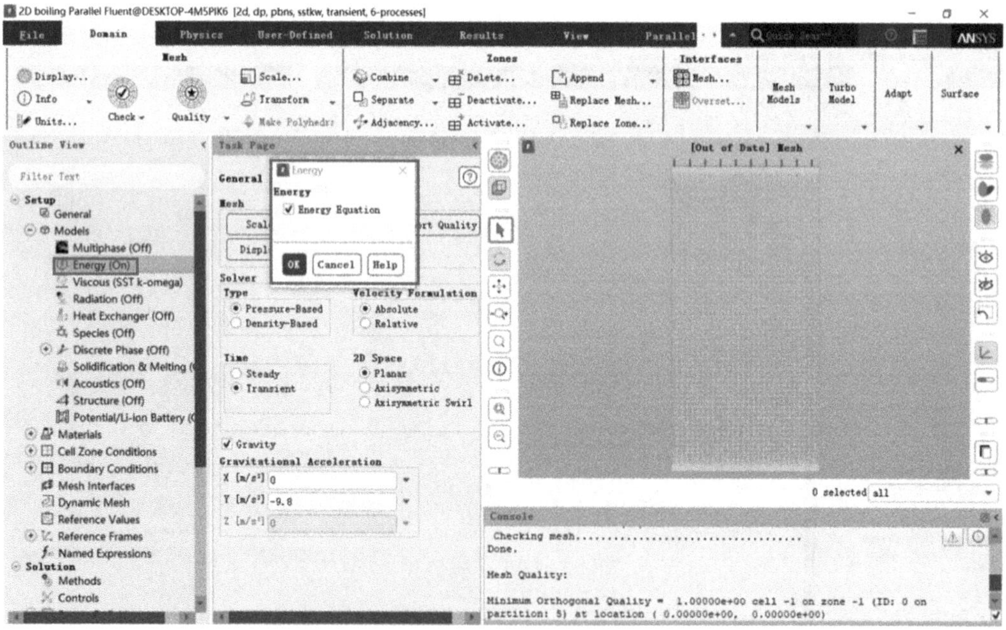

附图 5-6　开启能量方程

（6）选择黏性模型：选择 k-ε 模型，点击壁面函数中的增强壁面函数，其他保持默认，点击“OK”，如附图 5-7 所示。

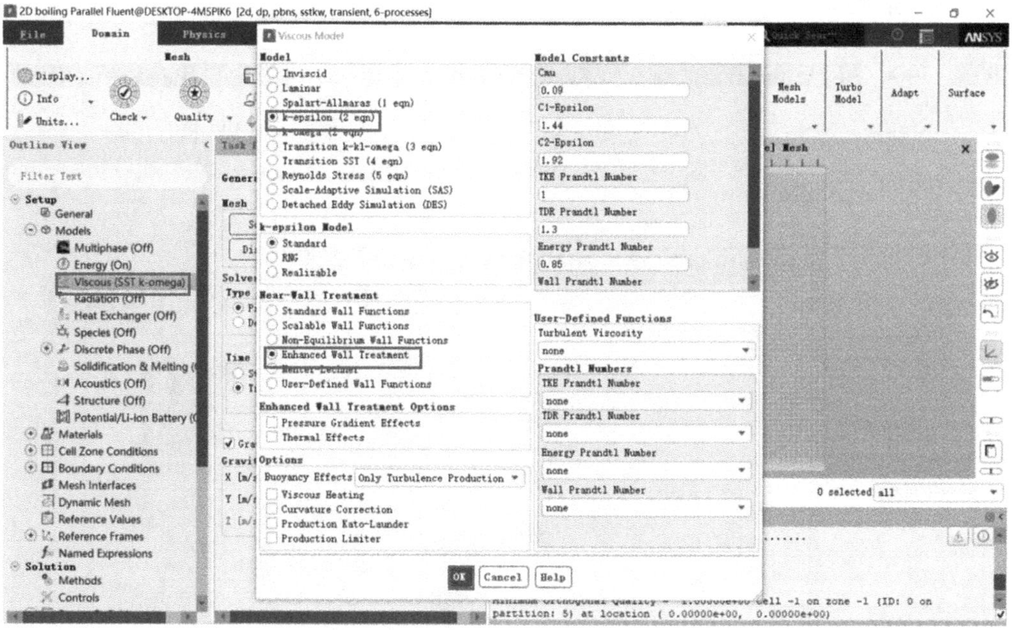

附图 5-7　黏性模型设置

（7）流体材料的创建：双击流体，打开编辑材料界面，材料类型选择 fluid，如附图 5-8 所示。

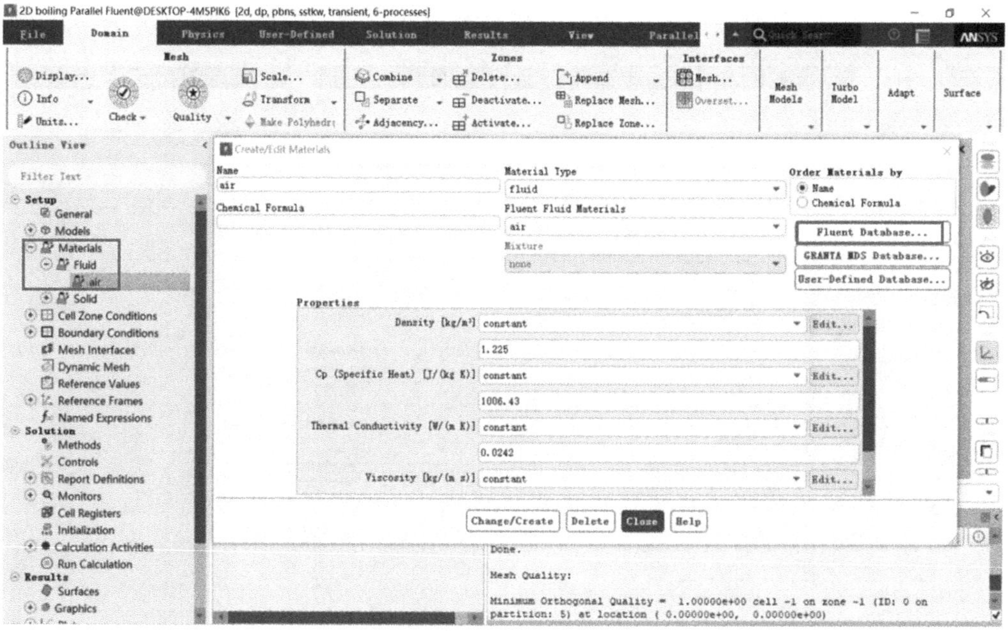

附图 5-8　创建流体材料

（8）打开 Fluent 数据库，材料类型依然选择 fluid，选择液态水和水蒸气，点击“复制”，如附图 5-9 所示。

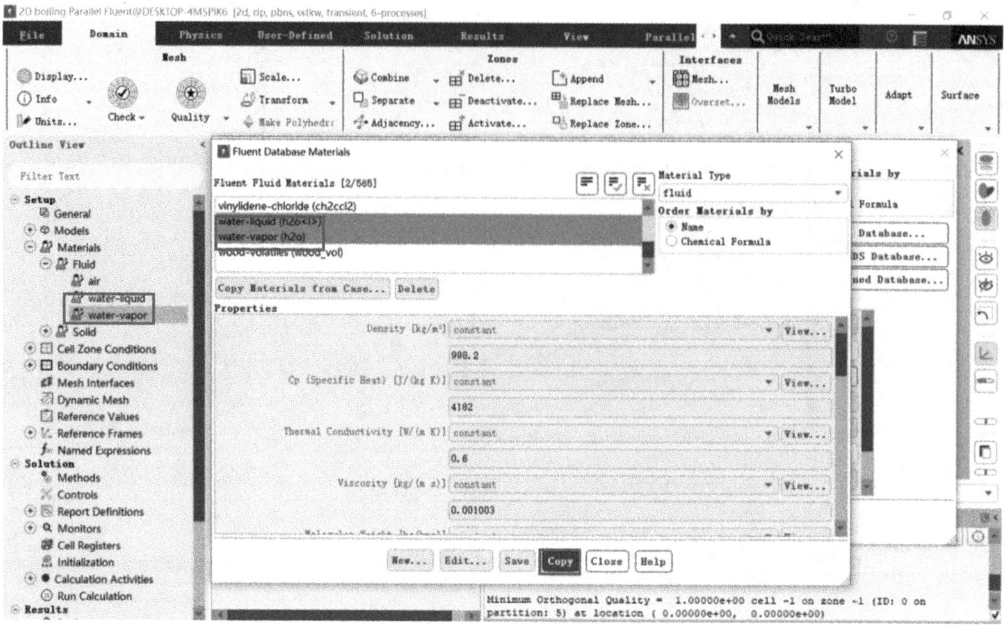

附图 5-9　复制流体材料

（9）打开多相流模型，选择 VOF 模型，设置 2 相，点击“体积力”格式，点击“应用”，如附图 5-10所示。

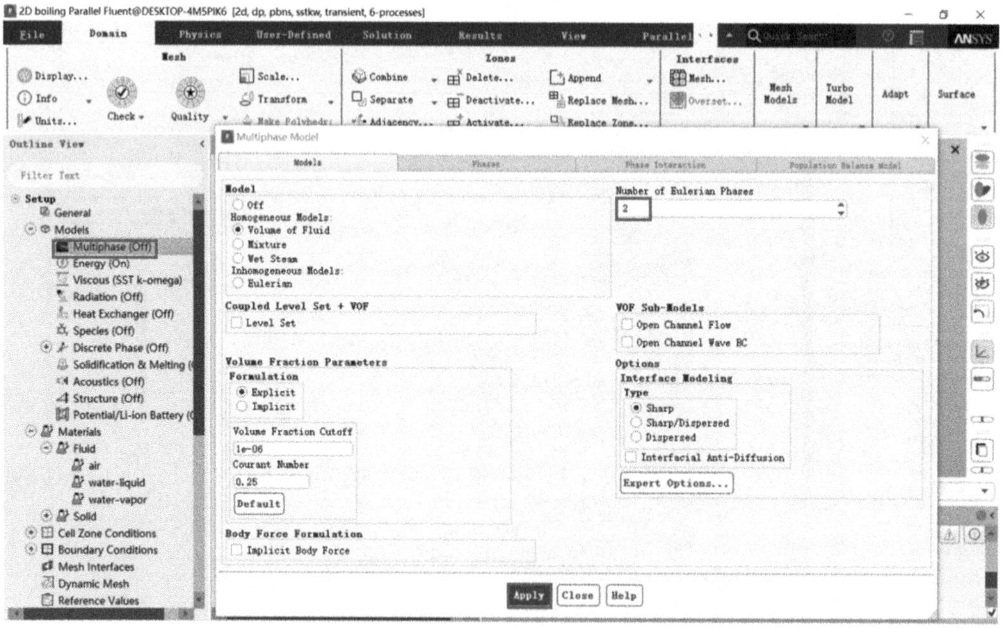

附图 5-10　设置多相流模型

(10) 对相栏目进行设置，将相 1 名称改为 liquid，相材料选择液体，点击“应用”，如附图 5-11 所示。

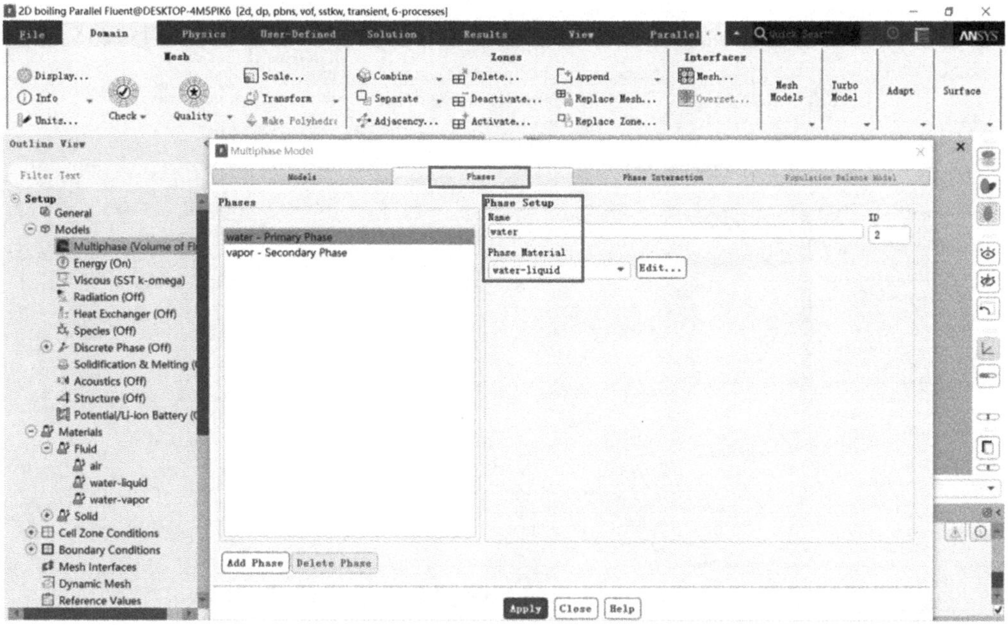

附图 5-11　设置相 1

(11) 将相 2 名称改为 vapor，材料选择气相，如附图 5-12 所示。

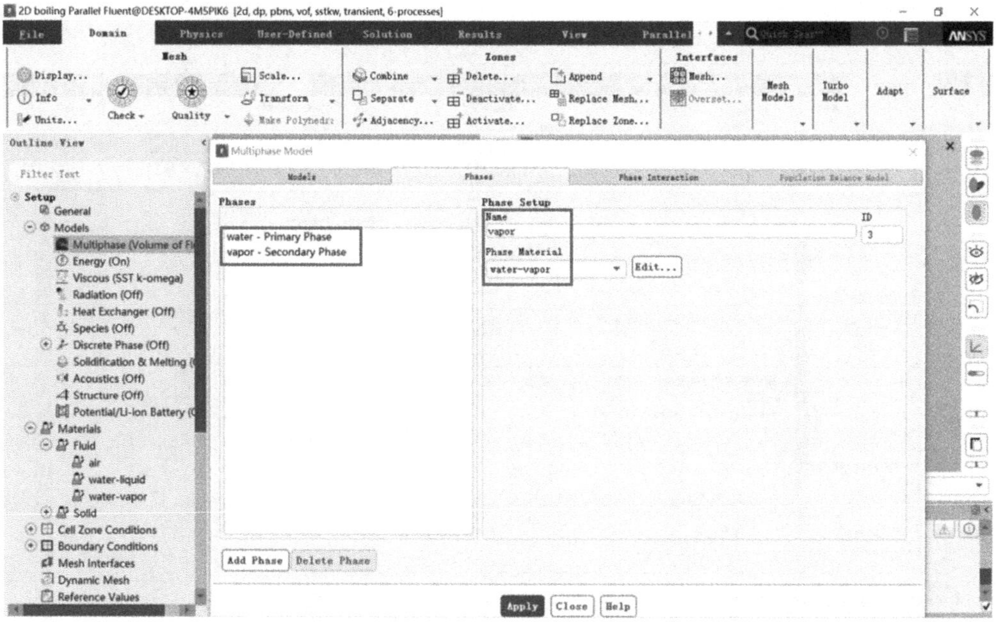

附图 5-12　设置相 2

（12）点击相间相互作用，表面张力系数选择 0.072，选中表面张力模型，如附图 5-13 所示。

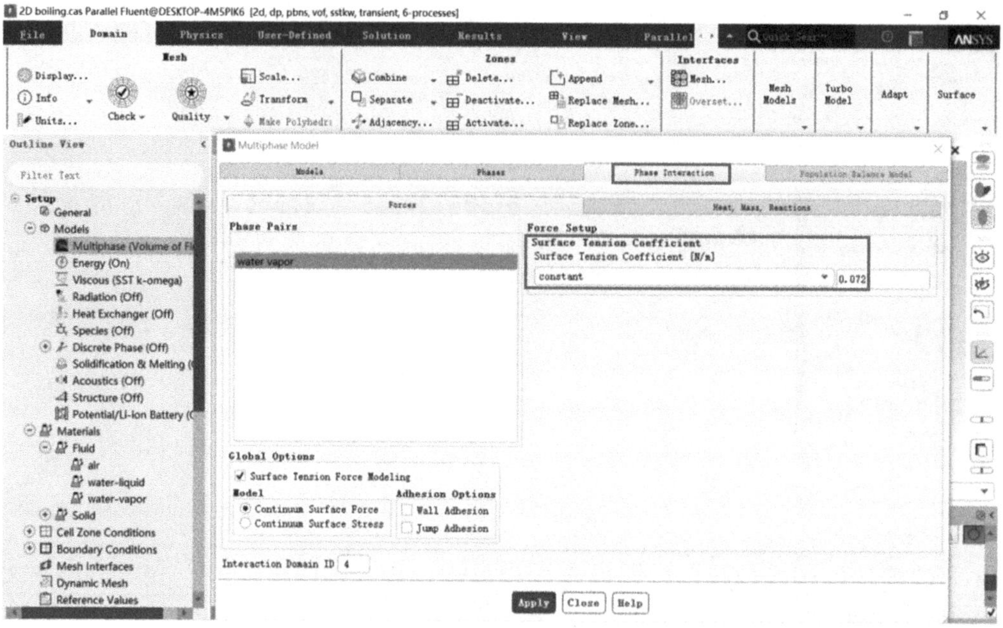

附图 5-13　设置表面张力模型

（13）点击质量传递机理的数量，选择“1”，然后选择蒸发-冷凝机理，其他默认保持不变，如附图 5-14 所示。

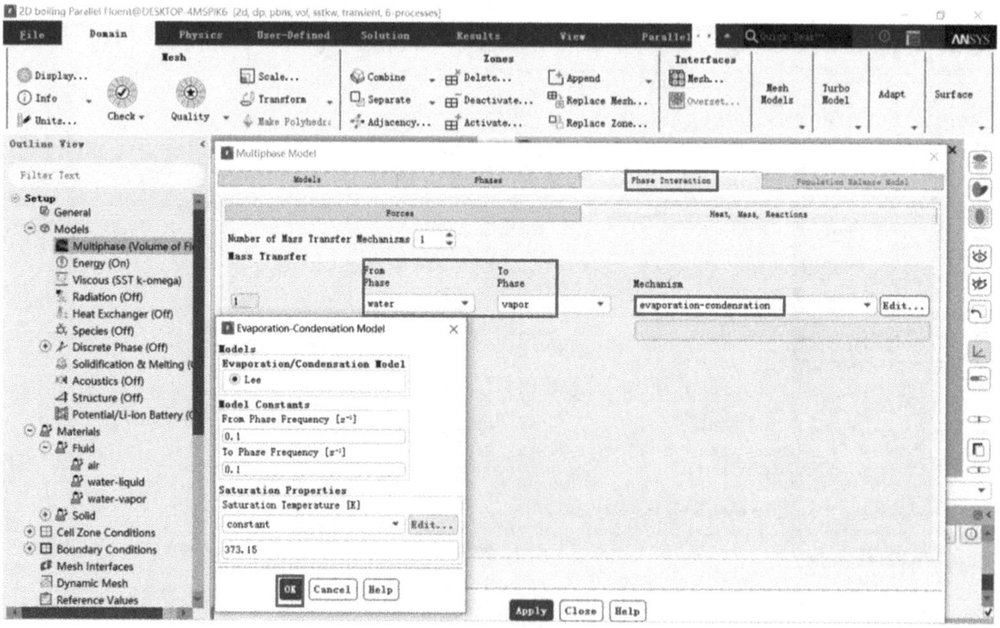

附图 5-14　设置蒸发-冷凝机理

（14）边界条件设置：选择底面壁面，将其设置为恒壁温边界条件，温度为 473.15 K，如附图 5-15 所示。

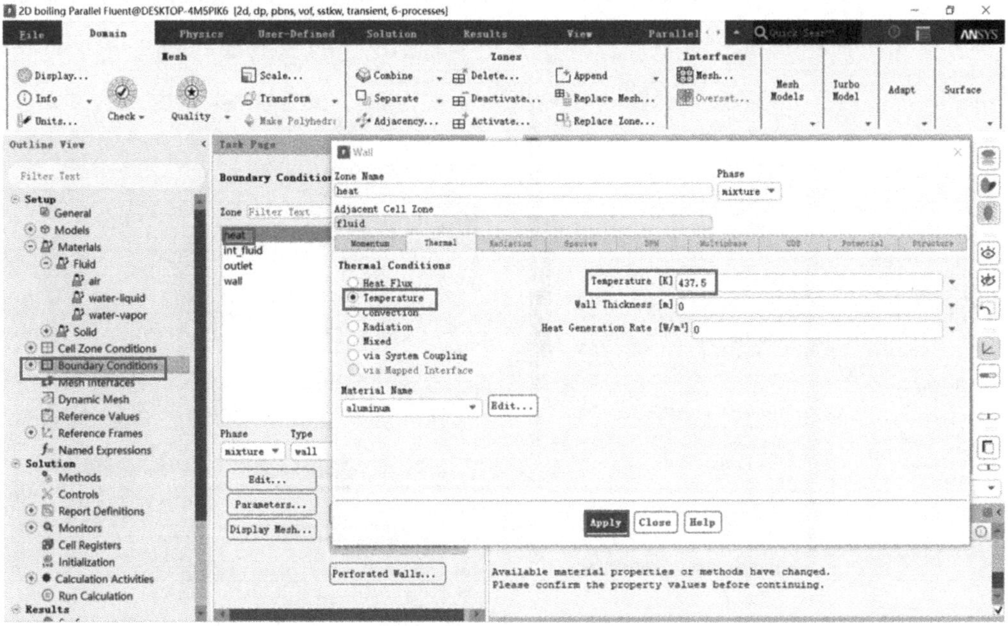

附图 5-15　设置壁面边界条件

（15）出口边界条件设置：选择压力出口，回流温度设置为 373.15 K，如附图 5-16 所示。

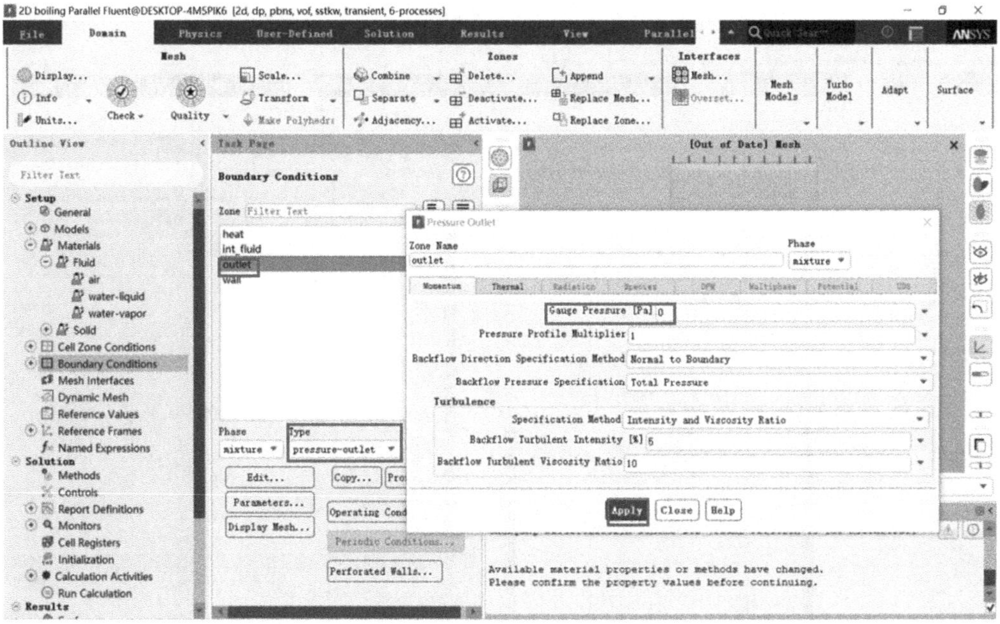

附图 5-16　设置出口边界条件

(16) 求解及后处理设置:求解方法保持默认,如附图 5-17 所示。

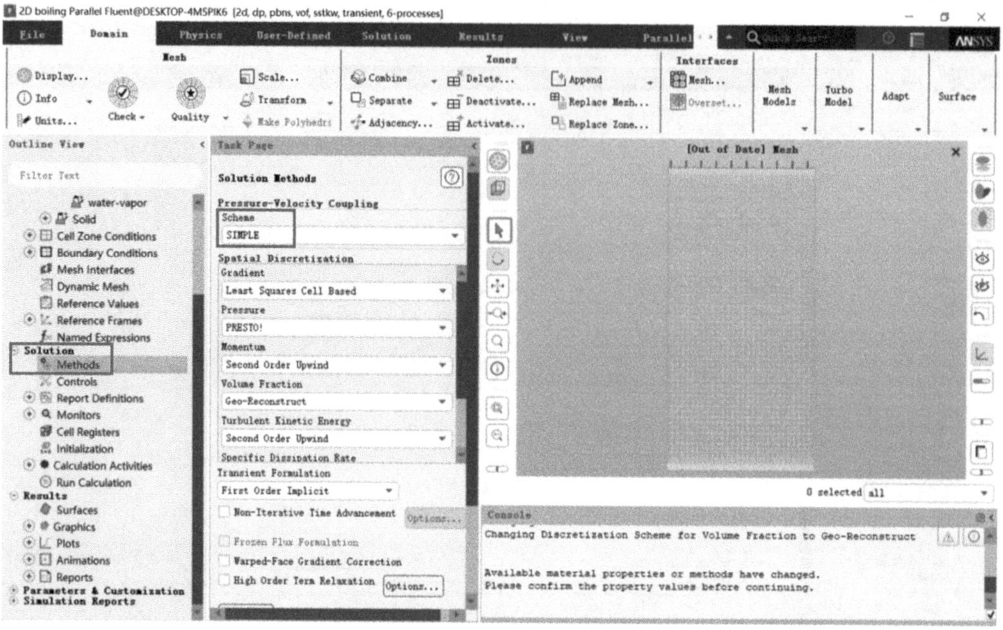

附图 15-17　求解方法设置

(17) 初始化设置:选择“标准初始化”,计算参考选项选择“all-zones”,温度改为 373.15 K,蒸汽体积分数可以输入 0.1,也可保持默认的 0,其他保持不变,点击“初始化”,如附图 5-18 所示。

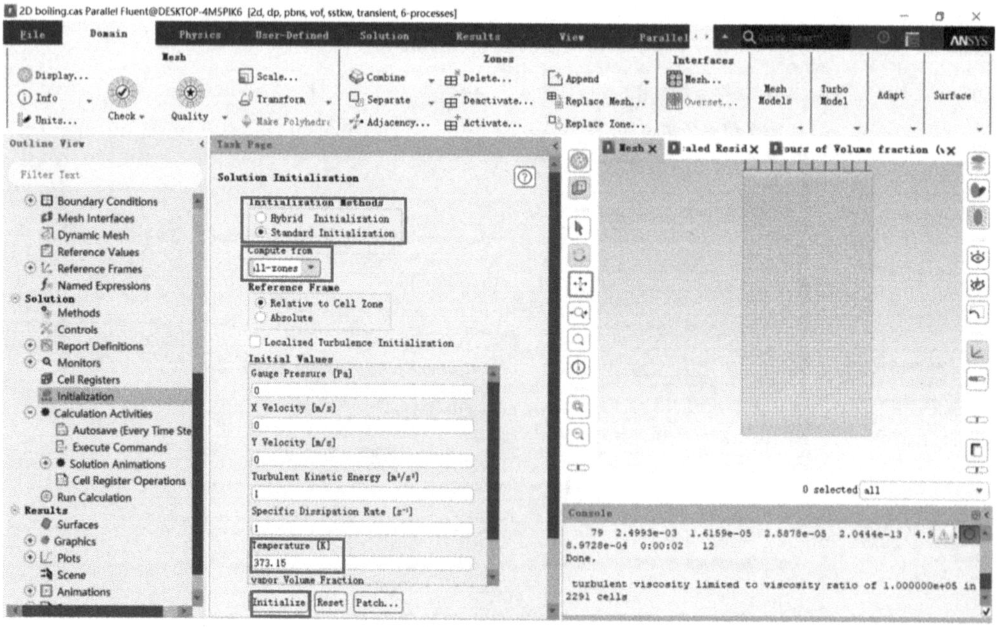

附图 5-18　初始化设置

(18) 进行动画的创建：首先在结果选项中，云图选择“contour”，变量选择“phases”等，然后选择“vapor”，设置相的份额范围为 0～1，点击保存显示，如附图 5-19 所示。

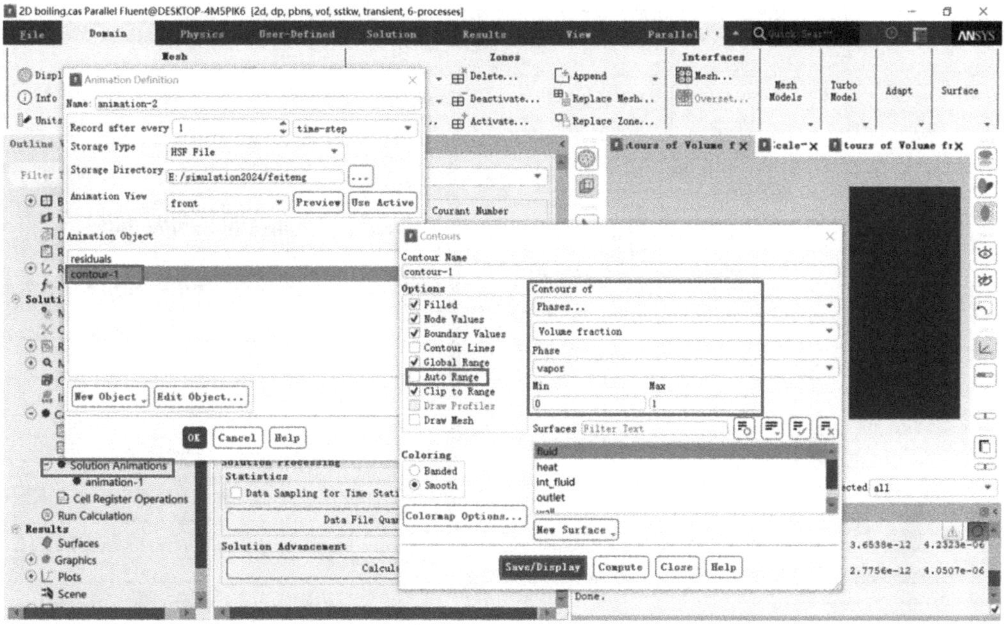

附图 5-19　显示云图设置

(19) 保存 case 和 data，如附图 5-20 所示。

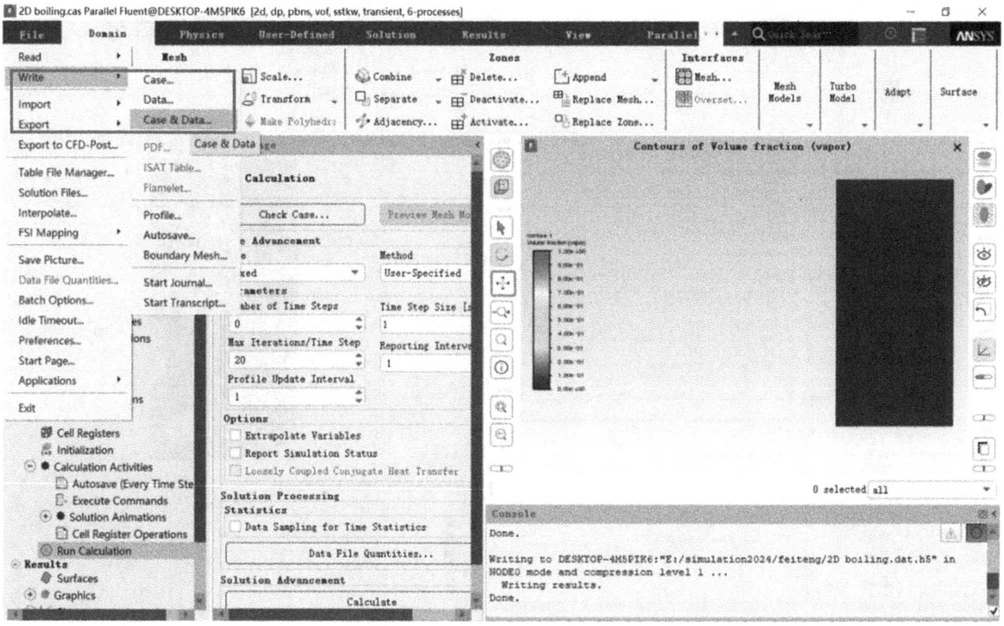

附图 5-20　保存 case 和 data

（20）计算设置：类型选择 Adaptive，时间步数为 10 000，时间步长设为 1e-05 s，点击“开始计算”，观察残差曲线变化，如附图 5-21 所示。

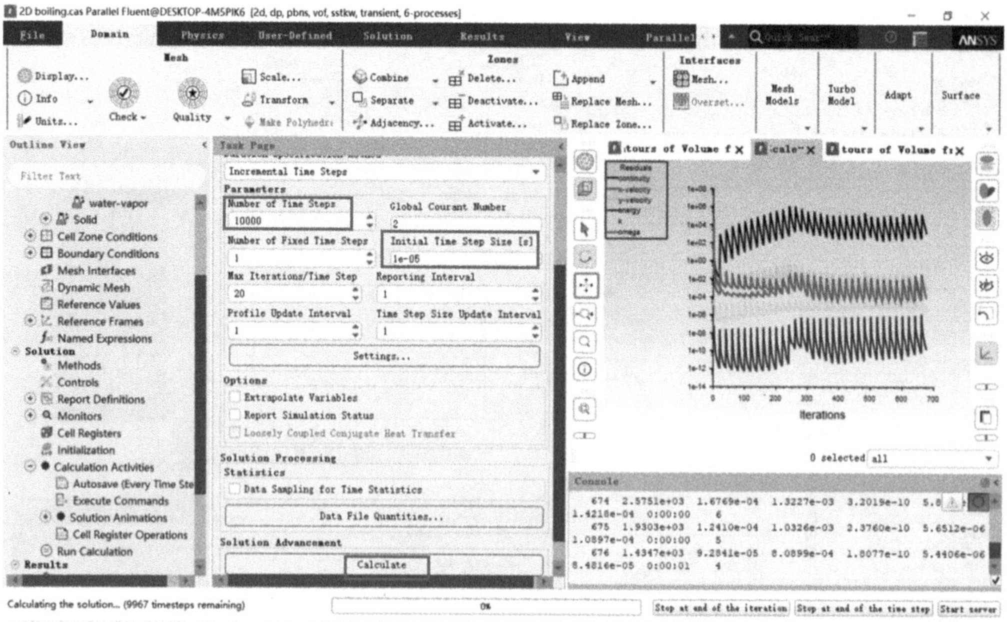

附图 5-21　运行计算设置

（21）计算完成后，可以直接观看动画，如附图 5-22 所示，也可以把动画保存下来。

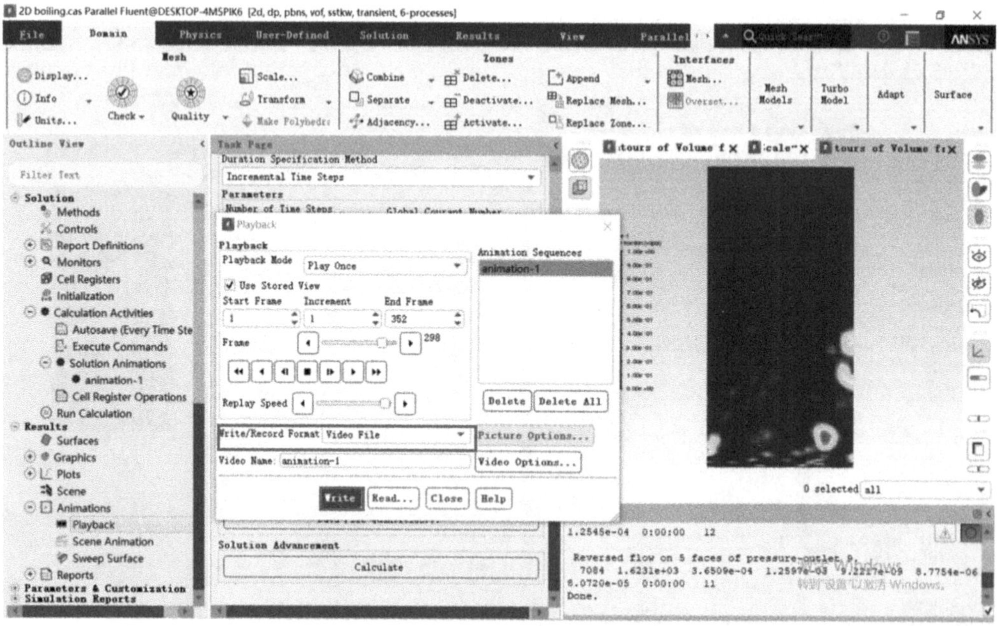

附图 5-22　动画观看与保存设置